ウミウシ学

海の宝石、その謎を探る

平野義明 著

東海大学出版会

後鰓類紹介

1．シロウミウシ *Chromodoris orientalis*

2．アオウミウシ *Hypselodoris festiva*

3．シラナミイロウミウシ *Chromodoris coi*

4．キイロイボウミウシ *Phyllidia ocellata*

5．ウデフリツノザヤウミウシ *Thecacera pacifica*

6．ヒメエダウミウシ *Kaloplocamus acutus*

7．メリベウミウシ *Melibe papillosa*

8．ユビノウハナガサウミウシ *Tritoniopsis elegans*

13. ピリカミノウミウシ *Flabellina amabilis*

9. マツカサウミウシ *Doto japonica*

14. ムカデミノウミウシ *Pteraeolidia ianthina*

10. ユビウミウシ *Bornella stellifer*

15. オオミノウミウシ *Aeolidia papillosa*

11. オトメウミウシ *Dermatobranchus otome*

16. タマノミドリガイ *Berthelinia limax*

12. ショウジョウウミウシ *Madrella sanguinea*

17. フリソデミドリガイ　*Lobiger souverbii*

18. コノハミドリガイ　*Elysia ornata*

19. クロモウミウシ　*Aplysiopsis nigra*

20. ヒトエガイ　*Umbraculum umbraculum*

21. カメノコフシエラガイ　*Pleurobranchus hirasei*

22. ホウズキフシエラガイ　*Berthellina citrina*

23. マダラウミフクロウ　*Euselenops luniceps*

24. コンシボリガイ　*Micromelo undatus*

25. ミスガイ　*Hydatina physis*

26. ニシキツバメガイ　*Chelidonura hirundinina*

27. オレンジウミコチョウ　*Siphopteron brunneomarginatu*

28. アメフラシ　*Aplysia kurodai*

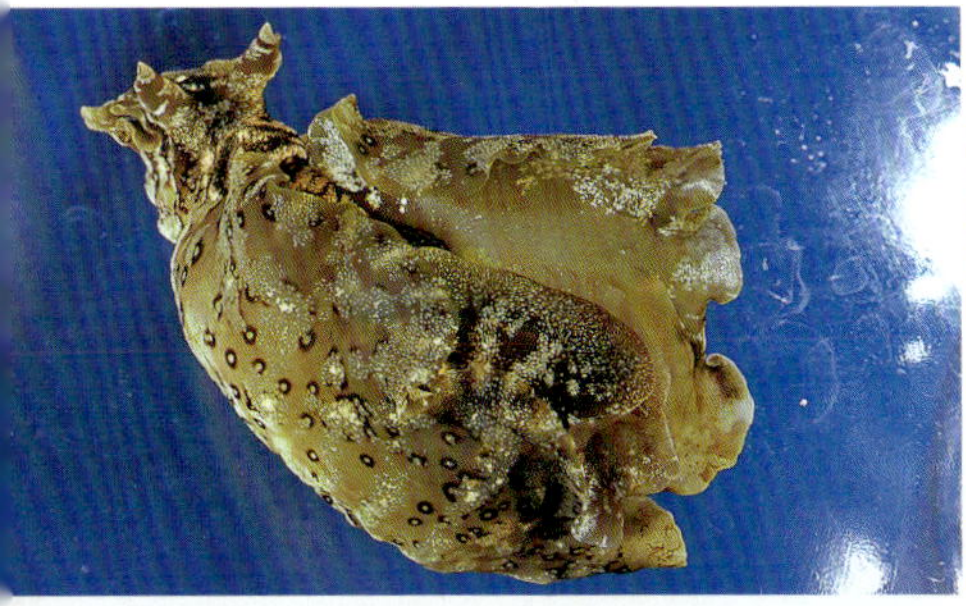

29. ミドリアメフラシ　*Aplysia oculifera*

30. クロスジアメフラシ　*Stylocheilus striatus*

31. ハダカカメガイ　*Clione limacina*

32. ミジンウキマイマイ　*Limacina helicina*

食 事

ミラーリュウグウウミウシを食べるイシガキリュウグウウミウシ

ヤツミノウミウシを食べるトウリンミノウミウシ

ほかのウミウシの卵塊を食べるチゴミノウミウシ

水面でギンカクラゲを食べるアオミノウミウシ

カイメンの一種を食べるヌーメア・ラボウテイ

コケムシの一種を食べるフジタウミウシの仲間

擬　態

岩の上に置いたレモンウミウシ（よく目立つ）と餌のカイメンの上にいるレモンウミウシ（目立たない）

緑藻にカモフラージュしているタマミルウミウシ

イシサンゴにカモフラージュしているジライヤウミウシ

イボウミウシ類のハイイロイボウミウシ（左）とイロウミウシ類のキカモヨウウミウシ（右）：近縁でもないのに，互いによく似ている

誕　生

ムカデミノウミウシの産卵（ガラス越しに見たところ）

ゾウゲイロウミウシの産卵

スミゾメミノウミウシとその卵塊

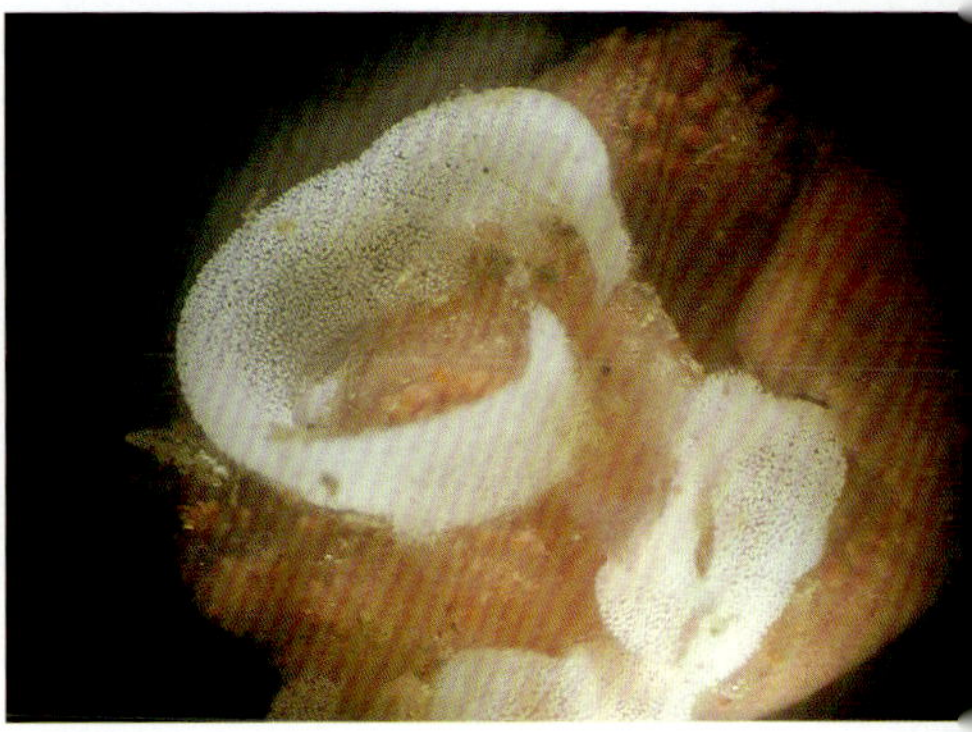

ネコジタウミウシの卵塊

コマユミノウミウシの卵塊（大卵型）

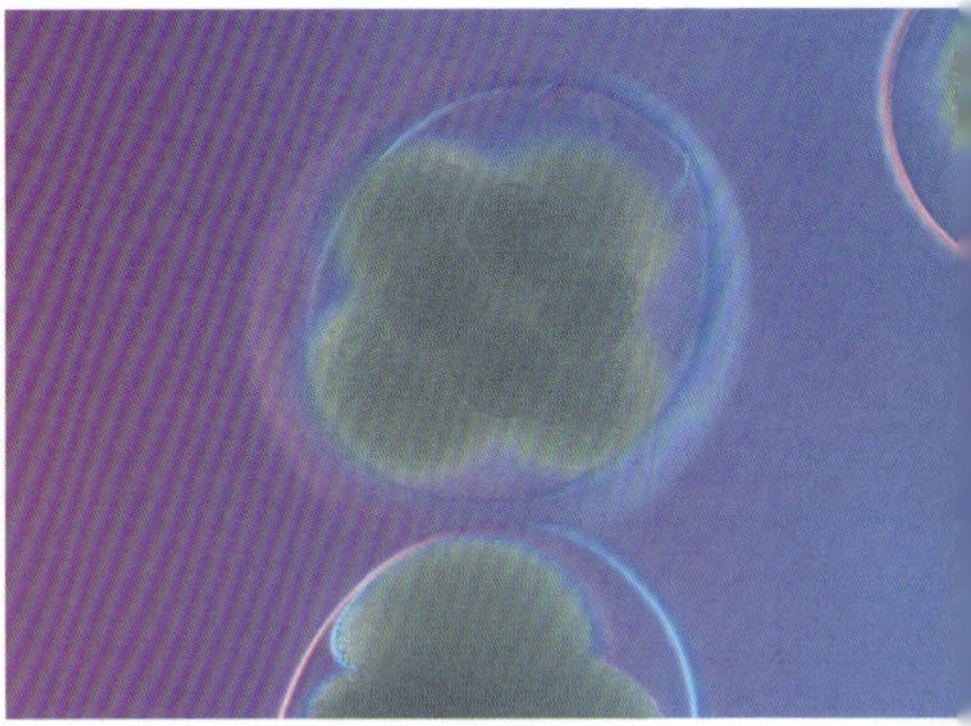

コマユミノウミウシの８細胞期

愛

ミスガイの交接

ウミナメクジの交接

クチナシイロウミウシの交接

ゾウゲイロウミウシの３匹での交接

アマクサアメフラシの４匹での交接

ペニスを伸ばし，近づき合うコマユミノウミウシ

It’s a sea slug world.

Yoshiaki J. Hirano
Tokai University Press, 2000
ISBN978-4-486-01516-1

はじめに

最近は、ウミウシという名前を聞いたことのある人が増えてきて、ひとむかし前に比べると、この生き物が広く社会に認知されてきた感がある。しかし、ウミウシがどういう生物かということは、案外知らない人が多い。そこで、ウミウシのことをやさしく紹介する本をつくってみようということになった。この本は、ウミウシの図鑑でもガイドブックでもない。たくさんの種類を並べて、見分け方を解説したものでもない。でも、全体を読んでみると、きっとウミウシのことをさらに知りたくなってくる、そんな本にしたいと思った。

ウミウシはかわいい。ウミウシは美しい。ウミウシを見ていると心が癒《いや》される。本当にそのとおりである。それだけでも十分だと思う。師と仰ぐイギリスの故トンプソン先生が著した大著『後鰓類《こうさいるい》の生物学』の表紙の裏に、次のような詩を見つけた。私の拙い訳で、もとの意味合いをうまく伝えられるか不安だが、思いきって紹介しよう。翻訳の都合で、一部挿入したところは括弧に入れた。

これは、何だ!?

学者なら、気の利かない名前でもつけてよぶところだろう
(でも、俺は名前なんてどうでもいい)
名前をつけたいやつは、つけりゃあいいさ
名前があってもなくっても、この美しさに変わりはない

まさに、ウミウシ学の本をはじめるにふさわしい詩だと感動した。私は、何も名前をつけることに意味がないと思っているわけではない。私自身、系統分類の研究もしている。名前をつけるのは、ある意味で私の「商売」の一部である。名前をつけることは大事だし、できれば気の利いた名前をつけられるようになりたいと思っている。しかし、それでもなお、名前のあるなしなんてどうでもいい、そう思わせるほど、ウミウシが美しい。そのことを伝えたい。彼らの美しさは、かたちや色、模様といった外見だけではない。その生き方が美しい。決して優雅なくらしではない。むしろ、きびしい現実と向き合い、戦いながら生き続ける。そういう姿だからこそ美しい。彼らの一生のドラマのすべてが、そして、彼らがたどってきた進化の歴史が美しい。

ウミウシは、食べられない。とりたてて人の役に立っているとも思えない。しかし、色模様の多様さがデザイン研究の役に立つ。彼らがつくる物質の中に、薬として使えるものもある。そういうと、多くの人が、ウミウシをより賞賛する。けれども、ウミウシが役に立つと、私がいちばん胸を張っていえる

ときは、彼らの美しさを話すときである。外見の美しさだけでなく、もっと全体的な美しさ、それは生命そのもののもつ美しさともいえるものかもしれない。それを感じられる心こそ健全な文明の証だと、私は思う。

海を愛し、海の生物を愛し、ウミウシのことが大好きな人、ウミウシのことをもっと知りたいと願っている人、そういう人たちに向けて、私は心を込めてこの本を書いた。そして、私の愛するウミウシたちを称えるために書いた。

目次

後鰓類紹介　ii／食事　vi／擬態　vii／誕生　viii／愛　ix

はじめに　xi

一章　ウミウシワールド　1

「殻破り」のウミウシたち　2
ウミウシは乳を出さない／ウミウシと後鰓類／後鰓類一家／後鰓類の多様性

ウミウシの体内めぐり　22
後鰓類の体内／頭はどこ？／食べ、吸収し、排泄する／繁殖のための構造／呼吸循環器系、泌尿器系／こいつ、一人前に心臓が動いているぞ！

二章　ウミウシのくらし　39

後鰓類の食性　40
島原の乱？／かわいいベジタリアン／多くの後鰓類は肉食／ウミウシを食べるウミウシ／卵を食べるウミウシ／動物らしくない動物たち／ウミウシは付着動物がお好き！／何でも屋と専門家

とことん餌を利用する　61
食えない海産物／動かない生物たちのつくるもの／化学者後鰓類／盗刺胞／太陽電池をもつ後鰓類

後鰓類の防衛戦略　76
定番ストーリー／ウミウシは誰もが美しくて目立つか？／何で隠れるの？／魚以外の敵／見つかってしまったら？／もう一工夫／目立つか否か／擬態の種類／ベーツ

型擬態／ミューラー型擬態／警告色の進化するとき／ライフ・ファインズ・ア・ウエイ！

三章　ウミウシの一生　97

誕生から幼年期　98
一生のはじまり／ウミウシの卵塊／生まれたばかりの卵／初期発生／ヴェリジャー幼生／幼生の運命／直接発生／卵栄養型発生とプランクトン栄養型発生／それぞれの戦略／多くの後鰓類は「小卵多産」／「大卵小産」の選択／中間の妥協？

おとなへの道　127
ヴェリジャー幼生の行動／旅の終わりに／変態のとき／その後のくらし／一生の終わりに

ウミウシの愛　143
いっしょにしてくれて、ありがとう！／後ろが雄で、前が雌／精子交換／風変わりな「結婚」の儀式／交接の集団形成／「結婚」と子づくり／ウミウシの一生はめぐる

四章　ウミウシへの道　159

巻貝と後鰓類　160
予備知識／バイの体を外から一望／外套腔は一階の窓／前窓とねじれ／バイの幼生／いよいよ後鰓類／後鰓類の幼生／貝殻なくしの術／雌雄同体器官の多様性／後鰓類のキーワード

後鰓類の進化　185
貝殻と後鰓類／検討の余地あり／裸鰓目がもっとも進化？／頭楯目がもっとも原始的？／分岐図を読む／分子の声／ウミウシの明日

おわりに　207
日本産後鰓類に関する図譜・図鑑および関連図書　210
参考にした主な文献　216
本書に登場した後鰓類　222

1章
ウミウシワールド

「殻破り」のウミウシたち

ウミウシは乳を出さない

漢字で海牛と書くと、「かいぎゅう」と読んで、ジュゴンなどの海生大型哺乳動物、いわゆる海獣を指すことになってしまう。われらがウミウシは、ひらがなで**うみうし**か、カタカナで**ウミウシ**でなければならない。本当をいうと、そんな決まりなどないけれど、そういうことにしよう！

海牛はヒトよりはるかに大型になる動物で、ウミウシはおとなでも小指の先よりも小さなものから、せいぜい両手でもつことができるくらいの大きさまでの動物である。

だいぶ調べてみたのだが、ウミウシという名前の由来は、結局よくわからなかった。磯で見かけるようすが牛の歩みのようにゆっくりとしているからか、触角《しょっかく》が牛の角を連想させるからか、おそらくそんなところだろう。

あお（青）うみうし、しろ（白）うみうし、なしじ（梨地）うみうし、こもん（小紋）うみうし、さらさ（更紗）うみうし、にしき（錦）うみうし（図1）、くもがたうみうし、ねずみうみうし、にくいろうみうし。一八九二年（明治二五）からの三年間に、三篇の論文にわけて、藤田経信という学者によって記載されたうみうし九種である。たぶん、これが公式に（?）「うみうし」の四文字が学問の世界で使われはじめた最初で、それ以来、このよび名は今日まで上手に踏襲されてきたようだ。

海牛（かいぎゅう）は乳で子育てをする哺乳類。それでは、ウミウシはいったい何者なのか。以前は、「ウミウシは何の仲間?」、このような質問をよくされた。答えは、ずばり巻貝の仲間である。最近では、このことを知っているウミウシファンも増え、質問の内容もずいぶん変わってきた。美しいカラー写真がたくさん載ったポケット図鑑やフィールドガイドにも、ウミウシは巻貝の仲間であるとの解説が、ちゃんとついているからだ。しかし、私はいまでも、ウミウシを紹介するときには、必ず巻貝の仲間であることをつけ加えている。知っている人は、知っている事柄なのであるが、ウミウシの全貌をよりよく理解するためには、このことをいつも心にとめておいたほうがいいと思うからである。

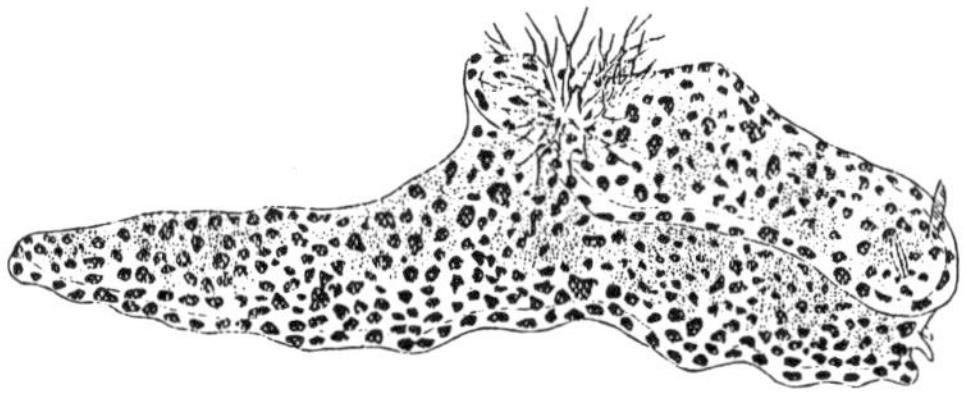

図1　藤田経信の論文に載ったニシキウミウシの線画（藤田，1893より）

ウミウシと後鰓類《こうさいるい》

ウミウシの話をはじめると、「ああ、知ってる知ってる、磯を歩いていて踏みつけると、紫色の汁を大量に出すグロテスクなやつでしょ」という反応が、よく返ってくる。紫色の汁を出す、その生物はアメフラシで、本来のウミウシとは別物であろうと、疑いながらも切り出す人は、すでにかなりのウミウシ通といってよい。

アメフラシは、「雨降らし」でなく、「雨虎」と書いて、アメフラシあるいはウミジカと読ませたということだが、この語源についても、やはり正確にはわかっていないようだ。

それはともかく、先の藤田経信が「うみうし」の名でよんだ九種の動物は、どれも花びらのような構造を背中の後方に備えているものばかりで、そんなものをもたないアメフラシの姿とは、なるほど、確かに区別できる。では、両者はまったく縁もゆかりもないものかといえば、そうではない。ウミウシとアメフラシは互いに浅からぬ縁をもつ仲間なのである。そして、この親戚関係は、後鰓類という、何だかいかめしい名称の分類群に両方そろって入れられていることで、はっきりとわかる。

ウミウシとアメフラシは別のもの、しかし、どちらも後鰓類。これが正しい。後鰓類の中に、この二つだけしかいないなら話は簡単だが、実はどちらの名称でもよぶことができない仲間が、ほかにもまだまだいろいろいる。一方で、「ウミウシ」というよび名が、多くの場合、漠然と、貝殻をもたない、あるいは、貝殻が目立たない後鰓類全体のことを指すように使われている現状がある。「ウミウシを見つけたよ」といって、もってこられる標本や写真の多くのものが、見てみると、実際はウミウシではなくて別の後鰓類だったということが、よくある。つまり、一般名称としてのウミウシは、学問の世界のそれより、ずっと多くの動物に対して使われているのである。

この本でも書名を『後鰓類学』としないで、『ウミウシ学』としているが、いろいろな後鰓類が登場してくる。それでも、書名を『後鰓類学』としなかった理由は、その書名で「ウミウシ」をイメージできる人の数が圧倒的に少なく、多くの人が聞いたことがある「ウミウシ」を使った方が、「ああ、あのウミウシのことが書いてある本か」、「ひょっとするとアメフラシのことも書いてあるかな」と、すぐに生き物の姿をイメージしていただけると期待したからである。

アメフラシをウミウシとよんでいる人に、「それは違いますよ、アメフラシですよ」と訂正を求めておきながら、アメフラシも登場してくる本の題名を「ウミウシ学」とつけたりするのはけしからん、と叱られるかもしれない。しかし、作家の才能が知れている場合、登場人物は多い方が、おもしろい本が書けるだろう。狭義のウミウシだけの世界でなく、たくさんの多才な後鰓類たちが織りなす「ウミウシワールド」、それが、私がこの本で紹介したい世界である。

後鰓類一家

後鰓類が所属する大分類群は、軟体動物門である。門《もん》とは、界《かい》というもっとも大枠の生物分類階級の次にくる分類階級で、軟体動物もわれわれ人間も、ともに動物界という界に含まれる。つまり、後鰓類は軟体動物とよばれる動物の一員なのである。ちなみに、われわれヒトは、脊椎《せきつい》動物とよばれたり、脊索《せきさく》動物とよばれたりする。門の下は綱《こう》、綱の下は目《もく》、目の下は科《か》、科の下は属《ぞく》、属の下には動物分類の最小単位である種《しゅ》がある。そして、綱、目、科など、それぞれの階級の下位分類階級として、亜綱《あこう》や亜目《あもく》、亜科《あか》、上位分類階級として上目《じょうもく》や上科《じょうか》、超科《ちょうか》などが設けられることがある。

後鰓類は、長い間、軟体動物腹足綱《ふくそくこう》（巻貝類）の三つの亜綱のひとつ、後鰓亜綱として分類されてきた。しかし、最近の分類学の著しい進歩によって、腹足綱の分類体系が大幅に変更され、下位の階級に格下げされることになった。新体系では、後鰓類は、直腹足亜綱の異鰓《いさい》上目の中に、その一グループとして含められる。しかし、分類階級が変わっても、そのメンバーは、ほとんど変わらない。したがって、この本で紹介する後鰓類の分類は、新分類体系を採用しても、階級のよび名が変わるだけで大きな変更はない。ここで後鰓類一家の各群を紹介するにあたっては、後鰓亜綱であったときの階級、すなわち目のレベルをそのまま採用することにする。そうすることで、従来の書物や図鑑との対照も容易にできると思う。

後鰓類の大家族。そのいくつかの姿をピックアップして、最初の口絵に載せた。それらをじっと見ていただければ、後鰓類にどのようなものがいるか、とりあえずわかっていただけるだろう。本文を読みながら、何度もそこを開き直して見ていただければと思う。これまでに実物をあまり見たことがない人でも、この口絵を通して後鰓類になじんでいただけることを願っている。

海底にすみ家をもって、「ウミウシ」の名で人々に親しまれている後鰓類は、裸鰓目《らさいもく》、嚢舌目《のうぜつもく》、背楯《はいじゅん》目《もく》、無楯目《むじゅんもく》、頭楯目《とうじゅんもく》の五群のいずれかに分類することができる。この中にも、例外的に、漂流物に付着してくらすものや浮遊生活を送るものもいる。ところが、ちょっと意外に感じられる方も多いと思うが、後鰓類には、生涯、海中を漂ってくらすものだけからなるグループが二つある。裸殻翼足目《らかくよくそくもく》と有殻翼足《ゆうかくよくそく》目《もく》である。このほかに、海底にすむが、体が非常に小さく砂中などの特殊な環境にすむため、ほとんど人の眼にふれることのない後鰓類のグループ、ロドープ目と、やはり多くの種が小型で人眼につかないため、なじみのないアコクリッド目がある。以上九つの目のどれかに、後鰓類とよばれる動物のすべてが分類されることになる。なるべく、外形でわかる特徴をあげて、各目のメンバーを紹介してみよう。

裸鰓目　Nudibranchia（口絵1～15）

後鰓類中、最大の種数を誇るのが、この裸鰓目である。この分類群に含まれる種の姿を見て、なるほどウミウシの名でよぶことがもっともふさわしい、そう多くの人が感じるのではなかろうか。まさしく、これこそ、「ウミウシ」の中のウミウシ、藤田経信によって記載された九種のウミウシたちが含まれる分類群である。

シロウミウシのような軟らかい質感の体。前の方ににょっきりと突き出た一対の触角。なるほど、牛のように、前の方に角があって、ゆっくりと歩く動物のイメージにぴったりである。後ろの方には花びらのように並んだ羽状の鰓《えら》がある。エダウミウシやウデフリツノザヤウミウシのようにいくつかの突起が出ていても、ちゃんと花びら型の鰓をもっていることを見落してはならない。このような鰓をもったウミウシたちは、裸鰓目の中でも、ドーリス類とよばれて、まとまった一大グループをなしている。例外的に、花びら型の鰓のかわりに腹面両側に鰓をもつイボウミウシ類もいるが、背中の羽状鰓はドーリス類のトレードマークである。

一方、裸鰓類の中には、背中に鰓をもたない種がたくさんいて、これらは三つのグループにわけられている。ミノウミウシ類はそのひとつで、ピリカミノウミウシ、ガーベラミノウミウシなど、ほとんどの種の和名の中に「ミノ」の二文字が使われている。比較的、かたちのそろったグループである。背面には、通称ミノ突起とよばれる背側突起が生え並ぶ。頭部には、上に立ち上がった触角に加えて、その前方に、もう一対、頭触手《とうしょくしゅ》とよばれる触手があり、これもとてもよく目立っている。

二つ目のグループは、はじめて見る人をあっといわせるメリベウミウシが属するスギノハウミウシ類である。飴色で半透明のメリベウミウシの体。手のひらでそっとすくっても壊れそうなくらい軟らかい。水中に戻すと、体をくねらせながら、奇妙な泳ぎを披露してくれる。背中には太い突起がいくつか並び、体の前方に一対の触角がある。触角の前には、頭巾とよばれる部位があって、これを大きく拡げると、まるであんぐりと大口を開けたような、びっくりするような顔つきになる。頭巾の奥の方に小さな口が開いている。スギノハウミウシ類には、メリベウミウシ、ユビノウハナガサウミウシ、マツカサウミウシなどがいるが、背中の突起の形状は、メリベウミウシでは単純な突起、ハナガサウミウシでは複雑な樹状、マツカサウミウシではかわいい松笠状である。スギノハウミウシ類には頭触手がなく、一対の触角の基部には鞘《さや》がある。この鞘は、スギノハウミウシ類を他から区別するうえで、とてもわかりやすい手がかりになる。

三つ目のグループは、一括してタテジマウミウシ類とよばれる。ミノウミウシ類に外形が似ているショウジョウウミウシなどの種と、タテジマウミウシやオトメウミウシのように平たい姿のものがある。平たいものでは、触角のある頭部が縦筋《たてすじ》のある後方背面と明瞭に区切られている。ショウジョウウミウシとオトメウミウシ。同じグループに分類されているのに、こんなにも姿が違うことに疑問をもたれる方もいると思う。しかし、両者をひとまとめにする理由は、中腸腺とよばれる臓器の形状とその他の解剖知見にあり、残念ながら外からはわからない。ちょっと乱暴な表現になるが、ミノウミウシ類ともスギノハウミウシ類とも違う、第三の非ドーリス類と理解しておくとよいだろう。

裸鰓目内の四つのグループの形態を詳しく紹介しようとするだけで、この本で許された頁数などたちまちつきてしまう。とにかく、非常にかたちが多様で、巻貝の仲間であると説明されても、すぐには納得できないグループであろう。これだけいろいろな姿があっても裸鰓目とひとくくりにできる共通の特徴とは、いったいどこにあるのだろう。

答えは、意外と簡単なところにある。どんなに多様な姿をしていても、どの種も巻貝の末裔であることをうかがわせるような貝殻をまったくもっていないという点である。このあとで紹介する他の、身近な後鰓類では、そのメンバーの誰彼のうち、すっかり裸になった種がある一方で、大なり小なり貝殻をもっている種が必ずいる。しかし、裸鰓目では、どの種も貝殻の片鱗さえもたない。まさしく、裸のウミウシである。例外がつきものの世の中にあって、気持よいくらい徹底した「裸」、それが、裸鰓目の後鰓類である。

嚢舌目　Sacoglossa（口絵16〜19）

このグループに属する後鰓類は、全員が小さい。裸鰓目では、ミカドウミウシやヤマトメリベなど、大きいものでは数十センチメートルを優にこえる種もいるが、嚢舌目の種となると、せいぜい指でつまめる程度の大きさにしか育たない。

細長い体、頭部に一対の触角をもっている。触角は、棒状でなく、巻物状をしている。触角の後方に、大きく左右に張り出した側足《そくそく》とよばれる部分がある。それを上に折り曲げて背中の中央で合わせたようなかたちをしている。これがゴクラクミドリガイ類。側足をヒラヒラと開いたり閉じたりするようすを見ていると、スペースシャトルの荷物室の開閉のようだ。外形はどの種も似たりよったりで、クロミドリガイやコノハミドリガイ、アズキウミウシなどと色で区別された和名が多い。これらの種は、どれも貝殻をもっていない。

ところが、同様にミドリガイが名前についていても、フリソデミドリガイになると、ひとめでそれとわかる貝殻を体の真ん中にもっている。カワムラブドウギヌガイやナギサノツユといった種では、貝殻の存在感がかなり大きい。変わったところでは、タマノミドリガイやユリヤガイがある。彼らは、二枚貝のような貝殻を背中に背負っている。何ということだ。後鰓類は巻貝の仲間ではなかったのか！　そんな気持を誰にも抱かせる。実際、双殻の嚢舌目が日本からはじめて報告されたときは、世界中の学者がその眼を疑ったという。

嚢舌目には、裸鰓目のミノウミウシ類にそっくりのものもいる。でも、心配はいらない。頭のところをよく見ると、裸鰓目のミノウミウシ類と違って、一対の触角だけで頭触手がないのですぐに見わけられる。触角は、種によって棒状だったり巻物状だったりする。この仲間も貝殻がまったくない。クロモウミウシとかアリモウミウシ、トウヨウモウミウシなど、裸鰓目ではないのに、和名の語尾にウミウシとつくものがけっこういる。まぎらわしいと思われるかもしれないが、これも心配ご無用。和名をよく見ると、だいたいが、なんとか**モ**ウミウシとなっていることに気づかれるだろう。この**モ**は、藻の文字に由来している。つまり、「嚢舌目は海藻と仲良し」を表わしている。二章で詳しく述べるが、ミノウミウシ類は肉食、「海藻と仲良し」のモウミウシとは、生態もまったく違うのである。

スペースシャトル型から貝殻もち、それにミノウミウシようのものまで、いったいどこに共通点があるのかと問いたくなるような、多様なかたちをしている嚢舌目であるが、解剖すると、明瞭な共通の特徴を見い出すことができる。そのひとつが、軟体動物の摂餌器官の歯舌《しぜつ》の形状で、さらに、古くなった歯舌を入れる特別な袋をもつという特徴である。嚢舌目の「舌」は歯舌で、「嚢」はそれを入れる特別の袋、舌嚢《ぜつのう》のことである。この点についても、摂餌生態を紹介する二章で詳しく述べる。

背楯目　Notaspidea（口絵20〜23）

「背中に楯」とは、どのような後鰓類を指すのだろう。外から見てひとめで貝殻をもっていることがわかるものに、ヒトエガイがある。なるほどぼってりとした大きな軟体部の上に平たく厚めの貝殻をのせていて、これを楯と見なせなくもない。

しかし、同じ背楯類でも、裸鰓目の種に近い姿をしたものもいる。つまり、貝殻がまったくないか、あっても、それとなくその存在を教える程度の小さい貝殻をもつものたちである。貝殻をまったくもたない背楯類には、ウミフクロウやマダラウミウフクロウがいる。ホウズキフシエラガイとかカメノコフシエラガイは小さな貝殻をもっているが、背中の軟体の下に隠されてしまっていて、指で注意深くさぐってみても、その存在は、なかなかわからない。

貝殻の有無はさておき、背楯類の体を上から見ると、平たく大きな背中が拡がっている。この「広い背中」が、背楯である。フシエラガイ類では頭の部分にある触角さえも、この「広い背中」の覆いの下側から伸び出している。触角の前方には、左右に張り出した頭幕とよばれる部分がある。

背楯目全体に共通した特徴は、背楯をもつことだけではない。どの種も、その背楯と腹足との間、体の右側に羽状の鰓をもつ。鰓の配列はさまざまで、単純な一本に見えるものも、多数の鰓が体側に沿って並ぶ種もいる。このことから、背楯類は英語でside - gilled sea slugとよばれる。

頭楯目　Cephalaspidea（口絵24～27）

図2　生きたブドウガイと貝殻

種数の多さは、裸鰓目についで後鰓類中、第二位である。この目には、ふつうの巻貝に近いかたちの貝殻をもつ種が含まれている。オオシイノミガイ、コンシボリガイ、ミスガイ、マメウラシマガイなどでは、その貝殻だけを見ると、ほとんどふつうの巻貝（後鰓類でない巻貝）と違わないように思える。貝殻はちゃんと巻いているし、おまけにりっぱな蓋までもつものもいる。ただ、ふつうの巻貝に比べると、殻口のところがかなり広いし、殻が薄くて軽そうだ。

ブドウガイ、タテジワミドリガイになると、かなり貝殻のようすが違ってくる。巻きはほとんどなく、いい加減な感じだし、殻口もやけに拡がり、全体に卵形をしている。しかも、いよいよ薄っぺらく、何とも頼りない（図2）。

いろいろな貝殻をもった頭楯類だが、生きている姿を見れば、ああ、なるほど後鰓類だと、きっと、うなずいていただけるだろう。貝殻におさまりきることのない大きな軟体部がのびのびと拡がっていたり、さらに、その軟体部で貝殻を包みこんでしまっていたりするからだ。

貝殻の大きさがさらに小さく、軟体の中に完全に隠されてしまっている種もいる。解剖しないと出てこないが、キセワタガイ、エンビキセワタガイ、ニシキツバメガイなどがもっている貝殻は、小型でずいぶん変わったかたちをしている。ウミコチョウ類では、オレンジウミコチョウのように貝殻をまったくもたないものもある。

ところで、この目をひとまとめにする特徴はというと、読んで字のごとく、頭部に楯のようなかたちをした部分、頭楯をもつことである。頭楯目の多くの種が砂泥底にすんでいるが、この頭楯は鋤《すき》のような働きをして、砂泥中で前進するのに役立つと考えられている。頭楯部分は、明瞭な仕切によって、体の他の部分とわけられているものが多いが、なかには、クロヒメウミウシ、ルンキナウミウシのように、その仕切がなく、頭部がその他の部分と一続きになっている種もいる。彼らは「オールヘッド」などとニックネームでよばれることもある。

頭楯目のもうひとつの大きな特徴は、触角をもたないことである。意外と気づかない特徴であるが、多くの後鰓類がもっている触角をもっていないというのはおもしろい。触角は、化学受容器、いろいろな物質を「嗅ぎわける」器官と考えられている。餌のありかをさぐり、仲間の居場所を知るのに、化学受容器はたいせつな器官である。実は、触角がない頭楯類は、それに代わるハンコック器官とよばれる一対の化学受容器を頭楯の下にもっている。

無楯目　Anaspidea（口絵28〜30）

おなじみのアメフラシとその仲間からなるグループで、またの名をアメフラシ目ともいう。体の大きな後鰓類の部類に属し、米国西海岸にすむ種では体長一メートル、体重一四キログラムをこえるものもいるというから驚く。後鰓類中、もっとも種数が少ないが、両極周辺を除く世界各地に生息している。世界をまたにかけて分布する種が多いのである。

わが国では、アマクサアメフラシ、クロヘリアメフラシ、ずばり、そのものアメフラシの三種が、とくによく知られる。頭の上（背面）には、巻物状の触角が一対あり、口の前には一対の口触手《こうしょくしゅ》とよばれる突出部がある。小さめの頭の割に胴体部分が大きく膨らんでいて、そこは腹足から上に向かって伸び上がった側足で左右から包まれたような格好になっている。アメフラシ類は、英語でsea hare、海のウサギとよばれるが、なるほど、よく見てみると、ちょっとかわいいウサギのように見えなくもない。胴まわりがころっとして、やや大きめの触角が牛の角というよりは、兎の耳に見えるのだろう。

背中を指でそっとさわってみると、かすかだが堅いものにふれた感触がある。その皮膚の下には、木

図3　アマクサアメフラシの木の葉状の貝殻

の葉のように薄い、ぺらぺらの貝殻がおさまっている（図3）。手ざわりはとても軟らかいアメフラシなのに、薄いとはいえ貝殻をもっているのは、すこし意外な感じがする。

大多数のアメフラシ類は、このように薄い殻を隠しもつのだが、なかには、変わり者もいる。ウツセミガイは、外からも見える卵形の殻をもち、逆に、クロスジアメフラシやフウセンウミウシなどでは、貝殻はどこを探しても見つからない。このように、アメフラシ類にも、まったく貝殻をもたないもの、痕跡的な殻をもつもの、さらに、りっぱな殻をもつものまで、いろいろなものがいる。

無楯目という名称は、背楯目や頭楯目に比べると、その言葉の意味するところが何ともわかりにくい。無楯目とは、楯らしきものがどこにもない、ということころだが、この命名は何とも苦肉の策の印象を受ける。

裸殻翼足目　Gymnosomata（口絵31）

ずばり、ご存じ、北の海のプランクトンとして一躍有名になったハダカカメガイは、この目の一員である。いまではハダカカメガイというより、クリオネといった方が誰もがピンとくるようだ。クリオネは、ハダカカメガイの学名*Clione limacina*からきている。すこし前で、すべての種が「裸」であることが裸鰓目の共通の特徴であると述べたが、本目も同様に、すべての種が裸で貝殻をもたない。

裸殻翼足目は、ハダカカメガイを含め、一生を通して浮遊生活をおくる、いわば浮遊性の後鰓類である。そのため、底生《ていせい》（海底でくらすこと）の、どの後鰓類にも見られない、独特の体のつくりをしている。体側に、泳ぐために使う翼足《よくそく》とよばれる張り出し部がある。一方、海底を這わないので、腹足はほとんど発達していない。頭部は、くびれによって胴体から、はっきりとわかれていて、漫画などでは、こちらを向いた人の頭のように描かれる。翼足が、さながら翼のように見えるところから、ハダカカメガイは、流氷の天使とよばれている。人の顔の連想から、口が頭部側面に開くように思われがちだが、実際は、口は頭部のてっぺん部分に大きく開く。開いた口から吸盤だらけの腕（吸腕）を伸ばし、それで獲物をつかまえ丸のみにするというのが彼らの真の姿である。かわいい姿からは想像もつかない獰猛な習性をもっている。

流氷の天使、ハダカカメガイが有名なため、この類は北の海でだけ見られるように思われがちだが、いろいろな種が暖かい海にもいて、赤道付近にも分布している。

有殻翼足目　Thecosomata（口絵32）

これも、すべての種が一生浮遊生活を営む後鰓類である。よく発達した翼足をもち、腹足が小さいことは裸殻翼足目と共通だが、違いは、その名の示すとおり、有殻、つまり貝殻をもつことである。いかにも巻貝らしい殻から、円錐形、細長い壺のようなかたちのものまで、種によってさまざまな貝殻をもっている。貝殻がガラスのようにもろく、透明で美しいものが多い。ミジンウキマイマイ、ウキヅノガイ、ヒラカメガイ、ウキビシガイなど、いずれも貝殻のてっぺんから大きな羽のようなかたちの翼足を出して泳ぐ。

有殻といいながら例外があって、貝殻をもたないコチョウカメガイの類も、この仲間に入れられる。貝殻こそないが、軟体部の特徴が、このグループのものと一致するためである。「コチョウ」の名は同じだが、ウミコチョウ類とコチョウカメガイを混同しないようにしたい。ウミコチョウ類はときおり泳ぎ出すが、海底を這ってくらす頭楯目の一員である。生涯海底を這うことがない有殻翼足目のコチョウカメガイとは、まったくの別物である。

ともに翼足を使って泳ぐことから、裸殻翼足類と有殻翼足類の両方を合わせて翼足類とよんでいたこともある。しかし、最近の研究で、似ているのは翼足で泳ぐことぐらいで、両者はかなり縁遠いものであることが明らかにされたため、翼足目という分類群は使われなくなった。口絵31の写真は本目の一種、ミジンウキマイマイが、裸殻翼足目のハダカカメガイに食べられているシーンである。吸盤のついた腕で、体に比して大きな獲物を捕えて食べる獰猛な裸殻翼足類に対し、有殻翼足類は左右の翼足の基部と小さな腹足に生える繊毛《せんもう》で小さなプランクトンを集めて食べる、「おとなしい浮遊性後鰓類」である。

アコクリッド目　Acochlidacea

スナウミウシ目という名称で紹介されることが多かったが、目の名に「ウミウシ」があると裸鰓目とまぎらわしいのと、砂中にすむ後鰓類はほかにも多いことから、学術名をそのまま使った。ミジンスナウミウシ類をはじめ、海底の砂中にすむものがほとんどだが、淡水産種も知られている。後鰓類で淡水産種を含むのは、唯一この目だけである。大部分が体長一〇ミリメートル以下の小さい後鰓類である。

内臓のつまった胴体部分が背面後方に大きく突出した体形のものと、そうでないものがいる。貝殻はない。雌雄同体ばかりの後鰓類にあって、唯一、本目の中には雌雄異体の種が存在する。

ロドープ目　Rhodopemorpha

一九世紀半ば以来、砂中間隙性動物《さちゅうかんげきせいどうぶつ》として、その存在が知られていた微小動物であるが、後鰓類の一員であることが明らかになったのは、比較的最近のことである。ふつうは、体長三～四ミリメートルにしかならない。貝殻もなければ、外からは頭や胴体といった区別を見ることもできない。まるで単なる筒のような体をしている。しかし、よく見ると、小さいながら腹足があり、後鰓類の一員に見えてくる。

後鰓類の多様性

後鰓類一家九目をざっと概観しただけでも、実にいろいろなグループがあることがおわかりいただけたと思う。後鰓類は、体全体に占める貝殻の相対的な大きさがさまざまである。その多様性は頭楯目の中でもっとも著しい。軟体部が貝殻の中にきちんとおさまる種から、大きくはみ出る種、さらには、すっかり貝殻を消失してしまった種までいる。頭楯目ほどではないが、同様の貝殻縮小、消失のトレンドは、嚢舌目でも、ナギサノツユ類をへてゴクラクミドリガイ類にいたる一連の流れに見られる。背楯目では、ヒトエガイ類にはじまって、フシエラガイ、ウミフクロウ類へという方向で貝殻が次第に小さくなっていく。無楯目でも、卵形の貝殻をもつウツセミガイ類から、ぺらぺら殻のアメフラシたち、さらに薄殻さえないクロスジアメフラシへの流れが見えてくる。

このような貝殻消失に向かう流れの中で、貝殻の束縛から自由になった軟体部のボディーラインは多様な変化をとげた。そして、全員丸裸の裸鰓目では、その多様性がとくに著しい。クモガタウミウシのようなシンプルな体の線から、ユビノウハナガサウミウシのような複雑怪奇な線まである。ひょうきんな姿のカラジシウミウシ、人気キャラクターのピカチュウのような体形のウデフリツノザヤウミウシ（実際、ダイバーの間では、ピカチュウという愛称でよばれている）、背側突起を振りたてるエムラミノウミウシ、これほどまでに多様なボディーラインは、丸裸にならなかったら、生まれてこなかっただろう。

後鰓類の体の色も、ボディーラインに負けず劣らず多様である。妙なる気品と美の極致、はたまた、どぎつく、グロテスク。印象表現は、人によってさまざまであろうが、ふつうの巻貝を貝殻から引っぱり出したときの、地味な軟体部の色を思い浮かべれば、ビッグ・コントラスト。暖色、寒色、両者取り混ぜ、パステルカラーかと思えば原色オンパレード。白や黒だけのシックなものもいる。

色だけではない。後鰓類の模様パターンの豊富さは、服飾デザイナーたちをも魅了している。太い細いの各種ストライプ、縦すじ、横すじ、点々、ブツブツ、斑紋、流れ模様、眼紋。しっかり色のついたものから、半透明でうっすらと色づいただけのものもある。そして透けて見える体内の臓器の色でさえ、体全体の模様パターンづくりに一役買っている。さらに、体表に白い粉をふいたようなアクセント。組み合わせが、実に心にくい。

貝殻に隠れてしまわないからこそ、軟体部の多様な色や模様が役に立つ。二章でじっくりと取り上げるが、種ごとの色や模様は、それぞれのくらし方と密接な関係をもっている。貝殻の中に隠れることをやめ、堂々と体をさらけ出すように進化した過程で、色や模様を巧みに利用するようになってきたのだ。こうして、かたちだけでなく、色や模様の多様性をも獲得した後鰓類。まさしく、貝殻からの解放、奇想天外「殻破り」こそが、後鰓類一家大躍進の秘訣であったに違いない。ここで、もう一度、口絵写真を見渡していただきたい。百聞は一見にしかず、である。後鰓類の多様性を実感していただけるだろう。

ウミウシの体内めぐり

後鰓類の体内

美しいもの、神秘的なものの実体は、あばかない方がいいのかもしれない。あこがれの君を想って幸せな人は、あこがれの君のすべてを知りたいと思っても、その骨がどうなっているのだろう、胃はどれほどの大きさだろう、血管はどんなふうに分布しているのだろうかなどに、興味をもちはしないだろう。

これと同じような理由から、美しく華麗な姿を見るだけで十分、その体内など見たくはないというウミウシファンもいるかもしれない。しかし、ちょっと待って欲しい。体のつくりのおおよそでも知っていないと、ウミウシたちのさまざまな生きざまも理解できない。当然のことながら、生きるためには、体の外から見える部分だけでなく、体内の諸器官が重要な働きをしているからだ。

かといって、後鰓類の内部形態を、すべての目について紹介しようとすると、これまた、多くの頁数が必要である。なにしろ多様な後鰓類、体内のつくりも、やはり多様なのである。ここでは、私がそれなりに解剖に精通しているミノウミウシ類を例に、体のつくりを概説しようと思う。

多様なものの中から、どれかひとつのグループを取り上げて解剖してみたところで、後鰓類全体のことなどわからないのだから意味がないではないかという人がいるかもしれない。そうかもしれないが、ひとつのグループでもそれを十分に理解することができれば、ほかのもののことを知ろうとするときに多少の応用が効く。それに、器官の構造や位置が少しぐらい変わっても、その機能は、それほど変わらない。逆に、はじめから後鰓類全部を網羅的に理解しようとしても、意味もわからないまま、器官や部位の名称の多さに翻弄されかねない。そうなると、結局、不消化のまま多様性のオバケにのみ込まれてしまい、生きざまと関連した体のつくりのおもしろさを味わっていただけなくなるのではと思ったのである。では、ミノウミウシの体内めぐりの旅に出発しよう。

頭はどこ?

体のどちらが前か後ろかは、直感的にわかり、迷うことはないと思う。這う動物では、這って進んでいく方が前で、そちら側に頭がある。つんと上に伸びた、牛の角に見立てられる触角があるあたり、そこが頭である。頭とは何か。われわれでいえば、脳があるところ。そして頭には顔が付随する。顔には眼がある、鼻がある、口がある、耳がある。それでは、ウミウシの頭には何があるか?（図4）

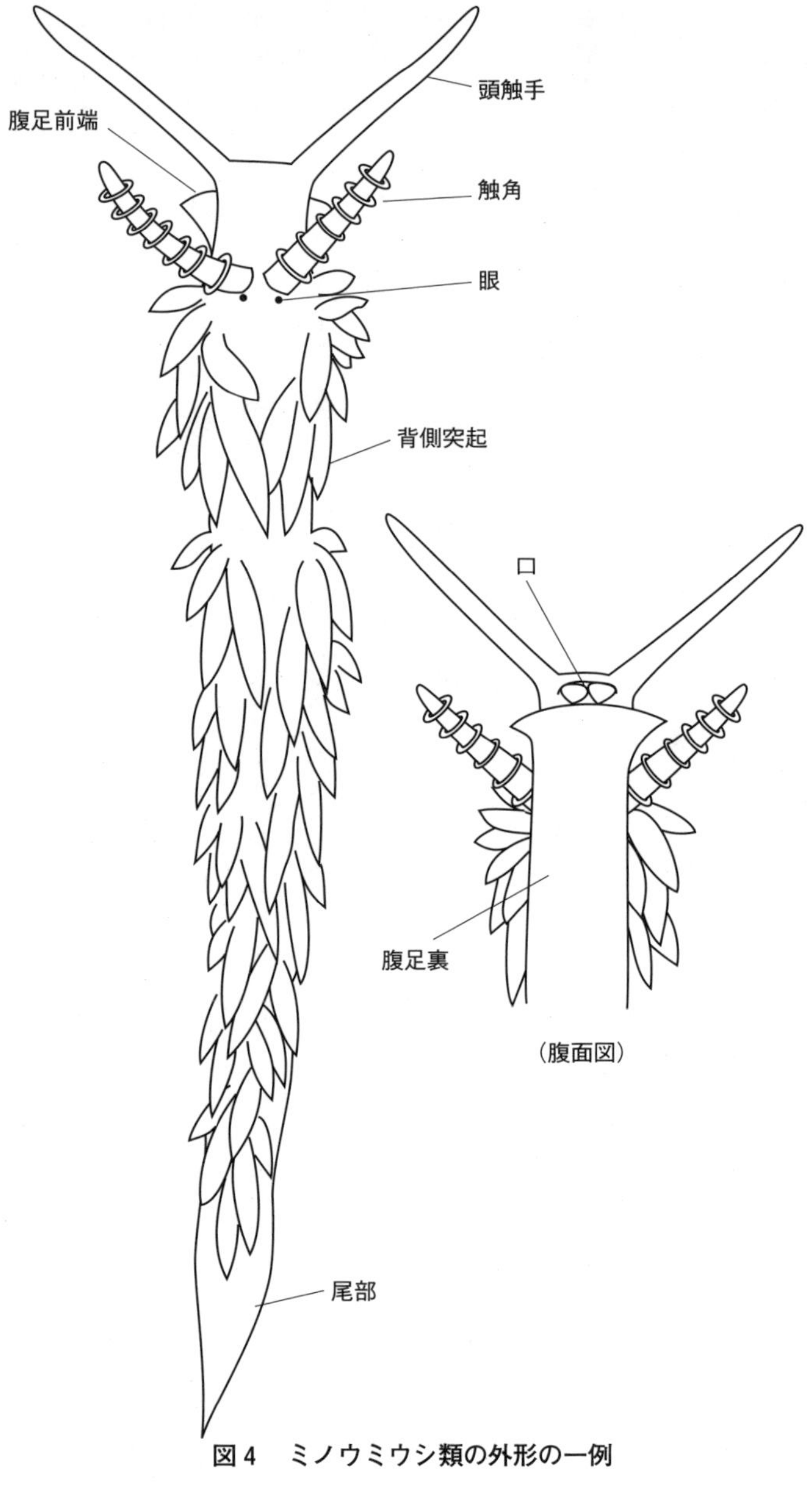

図 4　ミノウミウシ類の外形の一例

まずは触角。触角はミノウミウシのいわば鼻にあたる。われわれの場合は、鼻の穴の中に並んだ嗅覚細胞によって匂いのもととなる物質を感じるが、ミノウミウシでは、触角の表面が化学受容器の役割をはたしている。触角の表面をよく見ると、まったくつるっとしたものはほとんどなく、多かれ少なかれ、でこぼこしているものが多い。でこぼこしているのは、刺激を受容できる表面積を広げて、感度をあげる工夫である。ただのでこぼこだけでなく、小さな突起がずらりと並んでいたり、リング状のひだが幾重にも重なっているもの、さらに蝶や蛾の触角を彷彿とさせるようなものなど、種によってさまざまな形状の触角がある。

触角のつけ根、そのすぐ後ろのあたりに、ごく小さな黒い点が一対、これが眼である。ただし、体の表面にではなく皮膚の奥に埋もれているため、それとなく存在がわかる程度にしか見えないものが多い。このような眼では、光の明暗と方向くらいしか感じられないと思われる。

次に、頭触手。体の最先端両側から左右に長く伸び出している部分がそれで、触角とは明瞭に区別される。触角が餌や仲間の存在方向を探知する鼻であるとすると、頭触手は直接、さわって感じるためのタッチセンサーである。ミノウミウシが歩いているときには、この頭触手でつねに前方をさぐるようにしているのが観察される。

口を探そう。背中側からでは、ウミウシの口を見ることはできない。つねに這いつくばった姿勢で物を食べるので、口は這いつくばっている体の下に面して開いている。体を裏返してみると、前端近くに小さな口が見つかる。口は縦に両側に開くようになっている場合が多い。

口の後方から尾の先までずっと続く平たい面が、這うための足、腹足である。腹ばいの位置にあることから腹足とよばれる。後鰓類に限らず、海底にくらす腹足類はすべてこの腹足によって這う。

それでは、ウミウシの体の中に入ってみることにする（図5）。われわれ頭の中にあるものといえば脳。脳はどこか。脳はそもそも機能の分化した、無数の神経細胞が集合したものであるが、後鰓類では、この神経細胞がいくつかの神経節《しんけいせつ》を形成する。外からうっすらと見ることができた眼、その直下に一対の丸い塊が見えるが、これが脳神経節で、眼をはじめ、触角や口触手などの感覚器とつながっている。このほかに、足の動きをコントロールする足神経節、さらに内臓諸器官と結ばれている神経節など、いくつかの働きの違う神経節が一部融合を生じながら、集中して、いわゆる脳のようになったのが、「集中化した神経節」である。ミノウミウシ類をはじめ、裸鰓目では、それらの神経節同士は互いに近くに寄り合い、短い神経連絡でリング状に結ばれている。そのありかがおもしろい。というのは、消化管の一部である食道を取り囲むように、この神経のリングがあるからである。そのすぐ前方に口球とよばれるウミウシの消化管系の器官がある。つまり、ウミウシのコントロールタワーである脳は「首まわり」にネックレスのように配置していることになるわけで、ウミウシがものを考える動物であれば、「頭で考える」のではなく、さながら「首で考える」ということになる。

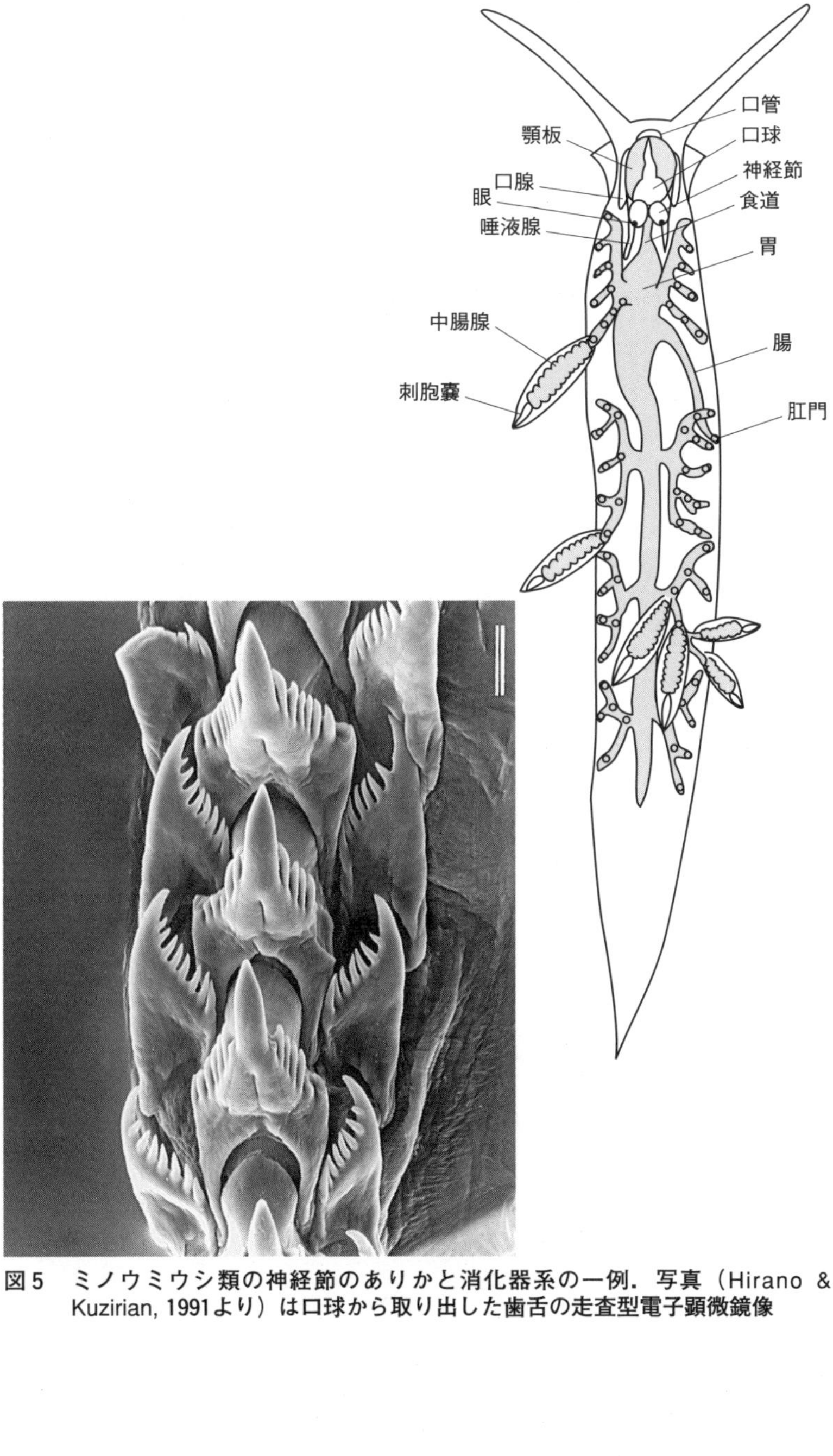

図5　ミノウミウシ類の神経節のありかと消化器系の一例．写真（Hirano & Kuzirian, 1991より）は口球から取り出した歯舌の走査型電子顕微鏡像

食べ、吸収し、排泄する

口からはじまり肛門にいたるまでの通路が消化管である。それぞれの部位でよく機能分化しているので、いろいろな名称がつけられている（図5）。

まず、小さな口からはじまる短い通路の奥には、口球が控えている。よく発達した筋肉でできたラグビーボールのような口球は、最初のまとまった消化管構造であり、中には一対の顎板《がくばん》と歯舌が入っている。いざ食うぞという段になると、口球そのものが前方にせり出し、さらに前端近くにある顎板がドアのように開くと、台座にのった歯舌も前方にせり出してくる。ミノウミウシ類の歯舌は、堅めの餌生物の体の表面を削って穴を開けることもできるし、軟らかい動物組織をひっかけて食道の方へ引っぱり込み、奥へと送り込むこともできる。こうしておいて左右の顎を閉じれば、引っぱり込んだ組織を食いちぎれることになる。顎板の合わせ目を観察すると、うまくかみ合うカッティングエッジになっていて、単純でストレートな合わせ目のものから、細かい刻みがギザギザに並んだ合わせ目のものまで、種によっていろいろなタイプがある。

口球はたいてい大きく、ミノウミウシ類の頭部の中でかなりの体積を占めている。外側に口腺や一対の唾液腺がぶらさがっている。口球に続く消化管が食道で、そのすぐ次に胃がある。胃から右後方に向かって短い腸が伸びるが、それは、ほどなく肛門へと開口してしまう。肛門自体は単なる小さな穴だが、そのまわりの体表組織が盛り上がっている種が多いので、肛門の位置は、外からでもわかりやすい。そこから、細い円柱状の糞が排泄される。

胃から肛門までの、たったこれだけの短い腸で、食べたものの消化や吸収が行われているのだろうか。答えはノーである。この短い腸は、いうなれば大腸ないし直腸とよぶべきようなもので、主に糞の最終通路の役割をになっていると思われる。消化吸収の役割をになう場所は、実は、胃から左右および後方に伸び出し、その先で複雑に枝わかれした構造の方だ。枝は最初に体の背面近くを走り、そこから背中の突起すべての中に入り込んでいる。この枝は中腸腺とよばれたり、肝臓、消化腺ともよばれている。まったくややこしい限りだが、どの言葉も指しているものは同じである。消化液を出し栄養を取り込む細胞が、胃から伸びる枝管を取り囲み、その管に入ってくるものを消化吸収する。

表皮がかなり透明な種では食事中のようすを観察できる。食道から胃に入った食べ物の粒子が、ただちに中腸腺の中にまで移動していくのがわかる。見ていると、胃と中腸腺の間を食物粒子が行ったり来たりしている。これが行われているときが、まさに消化吸収の最中である。

ほとんどのミノウミウシ類には、胃から枝わかれして背側突起内に入り込んだ中腸腺の先端に刺胞嚢《しほうのう》とよばれる特殊な構造がある。刺胞嚢はミノウミウシ類の防御に重要なもので、これについては二章でお話する。

繁殖のための構造

アコクリッド目の種に、雌雄異体となったものがいるが、基本的に後鰓類は雌雄同体の動物である。しかも同時的雌雄同体といって、成熟した一個体の体内には雌と雄の両方の機能が同時に備わっている。先に雄になって、あとから雌に変化するとか、その逆をする性転換をするものとは根本的に異なっている。すべての個体が雌雄同体だから、雄のウミウシとか雌のウミウシという言葉自体が存在しない。

ミノウミウシ類では、卵と精子は、卵巣と精巣が一体になった卵精巣の中でいっしょにつくられるか、あるいは互いにわずかに離れて独立した卵巣部分と精巣部分で別々につくられる（図6）。精子は、そこから両性輸管に入り、その先のアンプラとよばれる膨らんだ部分（貯精部）に一時ためられる。卵の方も、やはり両性輸管を通って送り出される。両性輸管は、アンプラの先で二叉にわかれ二本の管となる。この二叉わかれのジャンクション部分はとても重要で、ここから雄だけの生殖器官系と雌だけの生殖器官系とに完全に分離される。しかし、そこまでは一本の道、アンプラを通る自分の精子と自分の卵は同時に出されるわけではないが、そこで出会っても合体しないようになっている。ここで、受精がおきてしまっては、せっかくすてきな「お相手」に巡り会ったときに卵も精子も使えなくなってしまうからだ。卵と精子は、神聖なる生殖儀式の瞬間まで、別々の卵と精子でなければならない。アンプラ内の卵と精子は、まさにそのように保たれる。この秘密は、精子にある。アンプラ内の精子は、形態は一人

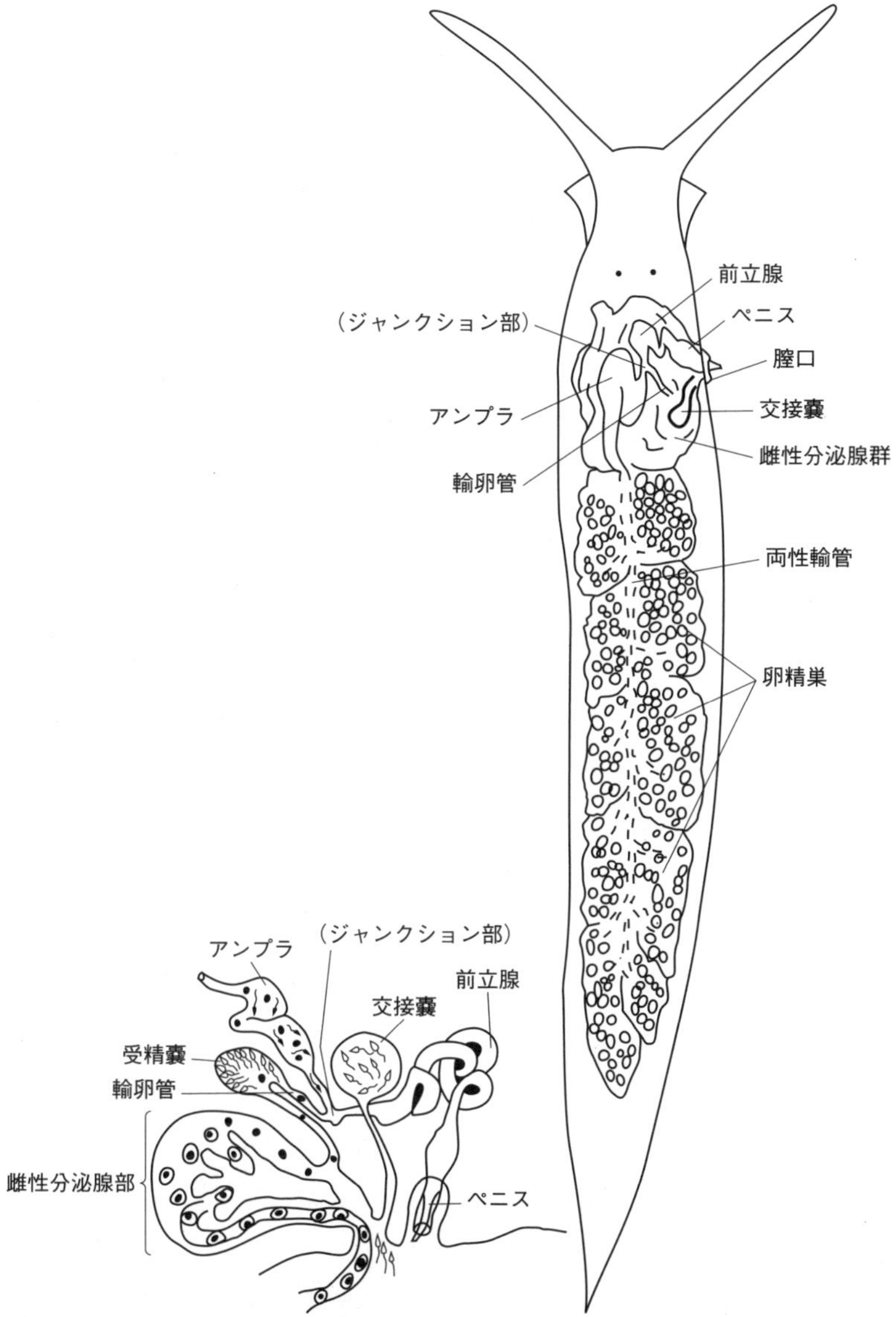

図6　ミノウミウシ類の生殖器系の一例．アンプラより前方器官における卵と精子の経路も示す．自己精子は黒，他個体からの精子は白抜きで表現してある

前だが、生理的には未完成、まだ卵を受精させる能力がないのである。

ジャンクションからわかれると片方は輸精管となり、外部生殖器であるペニスへと通じている。輸精管には、一部に太くなった部分があるが、そこは輸精管の壁が厚くなっている。それが、前立腺である。精子は、輸精管の中で、前立腺からの分泌物といっしょになり、精液となってペニスに送られる。種によっては、前立腺が管のまわりの壁につくられず、独立した袋状の構造になっている場合もある。

もう一方は輸卵管で、卵が出ていく産道と他個体からの精子が侵入してくる膣道《ちつどう》の両方の役割をする。ミノウミウシはじめ裸鰓目のウミウシでは、ペニスと膣口《ちつこう》がほとんどくっついているものが多く、そのような種では、その部分を両性生殖門とよぶ。「門」とは大げさな感じだが、腸の末端の門が肛門だから、それと同じと考えればよいのだろう。両性生殖門のあるところは体の右側で、先に述べた肛門よりも、つねに頭寄りに位置する。この「門」は、機能しないときには小さな凹みか点ぐらいにしか見えないが、いざ鎌倉というときになるとぐっと存在感が大きくなる。種によっては、奇妙なかたちのペニスをもっているものもあって、体内から躍り出てきたペニスを見てあっと驚くこともある。しかし、ウミウシ類は互いにぴったり体をすり寄せて交接するので、伸展したペニスの先までを私たちに見せてくれることは稀である。

交接して相手から受け取った精子を入れる袋状構造が二種類ある。膣の入り口近くの交接嚢と輸卵管の奥の方にある受精嚢（貯精嚢ではない！）がそれで、交接嚢がなく受精嚢だけをもつ種もかなりある。

アンプラから送り出されてきた卵は受精嚢近くの輸卵管に入ると、蓄えられていた相手からの精子と出会い受精する。受精卵は、その後、雌性分泌腺内に入り、卵白腺、卵殻腺、粘液腺を通る。その間に膜に包まれ、ゼリー質のコーティングを受けて卵塊となり体外へと生み出される。

呼吸循環器系、泌尿器系

まるで病院の看板のような表題だが、体内めぐりの最後は、ミノウミウシ類の呼吸循環器系と泌尿器系である（図7）。

はじめに、呼吸とは何か。体外から酸素を体内に取り込み、二酸化炭素を体外に排出する（ガス交換する）外呼吸と、酸素を使って、食物として取り込んだ物質から生きるためのエネルギーを細胞内で取り出す内呼吸の両方を合わせて呼吸とよぶ。しかし、一般に呼吸というと外呼吸をさす場合が多く、呼吸器官の呼吸もまさにその意味である。多くの海産動物では、ガス交換は海水との間で行われる。そのための器官が鰓である。鰓にはたくさんの血管が入り込んでいて、ガス交換のために、絶えず血液が送られてくる。

先にお話したとおり、ミノウミウシ類には、ドーリス類で見られるような花びら状の鰓がない。腹側を探してみても、鰓らしい構造は見当たらない。あえて鰓とよべるのは、背側突起である。「あえて」

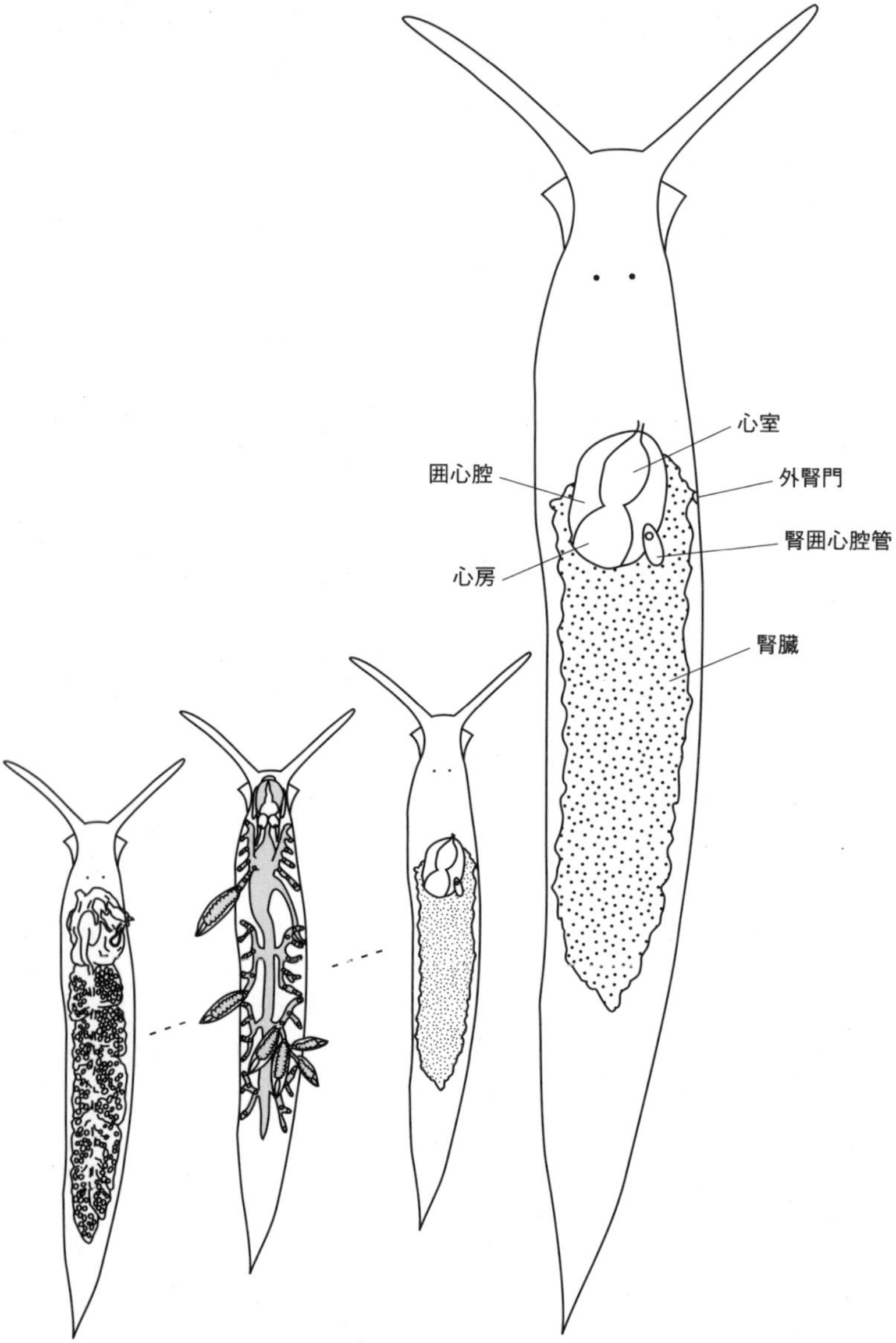

図７　ミノウミウシ類の循環・泌尿器系の一例．各器官系は三次元的に複雑に入り組むが，それらの背腹配置関係のおおよそを横に示す

といったのは、それらの突起が、とくに鰓としてつくられた構造ではないからである。では、なぜ鰓とよべるか。それは、背側突起をもつことで、ガス交換効率を著しく高めることができると考えられるからである。すべての海産動物が鰓のような特別な呼吸器官をもっているわけではない。小さな動物は、呼吸器官がなくても体表面で十分ガス交換できるので、鰓をもっていないものが多い。たとえば、ドーリス類でもオカダウミウシは鰓もなければ、ミノウミウシ類のような背側突起もない。それでも体に必要な十分なガス交換をすることができるのである。ミノウミウシ類の体は、オカダウミウシよりは大きい。ガス交換のための体表面を拡げる必要があったのだろう。このように、背側突起は、ガス交換効率を高めることに貢献しているので、鰓突起ともよばれる。

ペラペラの薄い体なら、その表面から取り込んだ酸素は、単なる拡散によって体のすみずみの細胞まで到達できるだろう。しかし、ミノウミウシ類の体は、それなりに厚みがある。体の内部には、さまざまな器官がある。呼吸によって取り込んだ酸素を体のすみずみに送り、細胞から出た二酸化炭素を体外に排出するには、循環系、つまり血管系が必要になる。

後鰓類はじめ、軟体動物はすべてが開放血管系という循環系をもっている。われわれヒトの循環系は、閉鎖血管系とよばれ、心臓から送り出される血液が通る動脈と、戻ってくる静脈とが、末端で毛細血管でつながれているのに対し、開放血管系では、毛細血管はなく、動脈や静脈の先は開いていて、血液は血管から自由に出ていったり、戻ったりできるようになっている。このため、ミノウミウシ類の体の中は、どこも血液で満たされている。いいかえれば、ミノウミウシ類の臓器は、いつも、血液の「海」の中につかっているようなものなのである。血液の「海」といっても、彼らの血液は、無色透明である。人間の体では、血管の外は、組織液で満たされているが、ちょうどそんなものだと思えばいい。軟体動物には、血液、組織液、リンパ液の区別がない。

ミノウミウシ類を、注意深く観察してみよう。体の背面、前端から約三分の一あたりの位置に、すこし盛り上がっている部分がある。ここが、かすかにではあるが、規則正しいリズムで繰り返して動いていることに気がつくだろう。これがまさに心臓の拍動である。後鰓類の心臓は、一心房一心室。静脈を通って心房に入ってきた血液は、心室から勢いよく動脈内に押し出される。

血液が運搬するものは、酸素と二酸化炭素だけではない。消化器系をへて取り込まれた食物の栄養分も血液の中に入り、体のすみずみまで運ばれる。そして、その栄養分を細胞で代謝して出た老廃物を、その処理器官である腎臓まで運ぶのも血液である。おしっこは糞と違う。糞の方は消化管の中だけを通ってやってきた食べ物のなれのはてであり、おしっこは腎臓で血液から集められ濃縮された老廃物の排出である。つまり、糞は消化管とだけ関連しているのに対し、おしっこをつかさどる泌尿器系の方は、いま説明したばかりの循環系と密接な関連をもっている。ミノウミウシ類の腎臓は、心臓の後方に拡がる器官で、卵精巣と重なるように配置されている。そして、心臓を取り囲んでいる小さな部屋、囲心腔と短い管でつながっている。血液中の老廃物は、まず心臓の壁で濾しわけられて囲心腔に出されると考えられている。その後、短い管を通して腎臓に送られた老廃物は、そこで処理され尿となる。腎臓は、外腎門とよばれる小さな排出口に直結していて、尿はそこから体外に捨てられる。

こいつ、一人前に心臓が動いているぞ!

体長わずか数ミリメートルから、せいぜい数センチメートルのミノウミウシたち。小さな細長い体の中に、さまざまな器官がある。感覚、運動をつかさどる神経系、口の中の複雑な構造にはじまる消化器系、呼吸循環器系に泌尿器系、そして、繁殖のための生殖器系、それらの器官は、機能的に配置され、それぞれの役目を存分にはたしている。われわれヒトにも引けをとらない複雑な体の仕組みだ。

おもしろいかたち、きれいな色、不思議な模様、それだけでも魅力的な後鰓類だが、体の中をのぞくと、さらに感動的だ。体内のつくりを思い浮かべながら、ウミウシたちを見てみると、さらに親近感が湧くだろう。この皮膚の下で、たくさんの小さな器官が休まず働いて、この小さな命を支えている。シャーレの中をのぞき込んでいた学生のひとりが叫んだ。「こいつ、一人前に心臓が動いているぞ!」。

背中から見える心臓の拍動を見ていると、「私をよく観て」といわんばかりにじっとしている眼の前のウミウシが、まさに、われわれと同じように生きているのだという実感が伝わってくる。こいつ、何を考えているんだろう? 本気で、そう問いかけたくなる。海の中では、どこにすんで何を食べているんだろう。どんな活動をするんだろう。小さな体だ。海の中には、敵もたくさんいるだろう。どうやって、その敵と戦っているんだろう。ウミウシたちのくらしにも、さまざまなドラマがあるに違いない。きっと、そうに違いない。

2章

ウミウシのくらし

後鰓類の食性

島原の乱？

幕府のキリシタン弾圧と島原城主の重税政策に抗議して、天草四郎ひきいる島原の乱が勃発したのは、一六三七年（寛永一四）のことである。一揆は失敗に終わったものの、幕府に鎖国政策を促すことになった、日本史に残る重大事件であった。一九八八年（昭和六三）、日本史にとっては、とるにたらない出来事だが、後鰓類研究史にとっては、それなりに重大な事件が、これまた、島原でおきた。その年の二月、島原のワカメ養殖場のひとつで、せっかく順調に育っていたワカメが、何者かに襲われたのだ。ワカメの堅い茎だけを残して、軟らかくおいしい葉状部分を食べつくした無法者たち。それが、われらが後鰓類の一員だったのである。その名も天草雨虎（アマクサアメフラシ）。少数のアメフラシもその暴動に加わっていたという話だが、ほとんどがアマクサアメフラシだったという。養殖ロープにびっしりついたワカメを貪り食ったアマクサアメフラシは、大きなものでは、体重一キログラムをこえ、一回の駆除で集められた総量は、多いときには四トンにのぼったという。後鰓類史に残る、この島原の乱も、漁民をはじめ、漁業関係者の懸命な駆除作業によって、三月の末までには、ほぼ鎮圧された。しかし、この事件は、「ウミウシ」は海藻を食べるという強い印象を人々に残すことになった。

確かに、アメフラシ類は、海藻を食べる。アメフラシは、ソゾ・テングサなどの紅藻類とアサオなどの緑藻類が大好きだし、クロヘリアメフラシはユカリやソゾ、イバラノリなどの紅藻類が大好物である。アマクサアメフラシの名誉のためにいうが、彼らは、決して養殖場のワカメばかりを食べているのではない。アマクサアメフラシは、実は、アオサ、アオノリなどの軟らかい緑藻類が好物なのである。ウミウチワ、ヒジキなどの褐藻も食べるが、それらの餌では、よく育たない。同じ褐藻類でも、ウミウチワ、ヒジキに比べて軟らかいワカメで育てると、それなりに生育がいいのだが、やはり、アオサにはおよばない。ワカメといえど、大好物ではなさそうである。実際、アマクサアメフラシの褐藻食いが報告されているのはわが国だけで、海外では、この種は緑藻以外は食べないとさえいわれている。

アメフラシ類は、海藻を引きちぎって食べる。ちぎり取られた海藻断片は、胃袋に送られ、そこで、こなごなに砕かれ消化されるのだが、「堅い」細胞壁をもった海藻の細胞を消化して、栄養分をいただくのは、なかなか大変である。アメフラシ類の食道の途中には、ギザード（砂嚢）とよばれる、おろし金のような構造が入った袋があり、この消化作業を助けている。なかには、クロスジアメフラシのように、ラン藻のような顕微鏡サイズのものを食べるものもいるが、ほとんどのアメフラシ類は、「島原の乱」が教えてくれたとおり、豪快な海藻食者である。厳密にいえば、ラン藻は細菌の仲間で海藻類とは縁が遠いのだが、広い意味では、りっぱな藻類。アメフラシ類は、どうやら藻食後鰓類とよべそうである。

かわいいベジタリアン

アメフラシ類は藻類を食べるベジタリアン。しかし、「ウミウシ」全部が、ベジタリアンではない。後鰓類全体の種数からいうと、ベジタリアンは少数派である。アメフラシのほかには、ブドウガイなど、頭楯類の一部が海藻を食べる。また、浮遊性の有殻翼足類の中に、単細胞藻類を食べるものが知られている。そして、もうひとつ、アメフラシ類と並んで、原則としてベジタリアンだけからなるグループがある。それが、ここで紹介する、かわいいベジタリアンの嚢舌類たちである。「原則として」をつけ加えなければならないのは、ごく少数ではあるが、ほかの後鰓類の卵も食べるという変わり者がいるからである。

一章の後鰓類一家のところで述べたように、この類の名前の「舌」は歯舌、「嚢」は、袋のことである（図8）。歯舌はキチン質の膜の上にずらりと規則正しく並ぶ、いわば使い捨ての歯で、歯舌嚢とよばれる構造の中でつくられる。歯舌嚢でつくられた歯舌は、どんどん先に送られ、餌を取り込むのに使われ、ある程度使われて古くなると、ふつうは捨てられる。しかし、嚢舌類では、古くなって第一線を

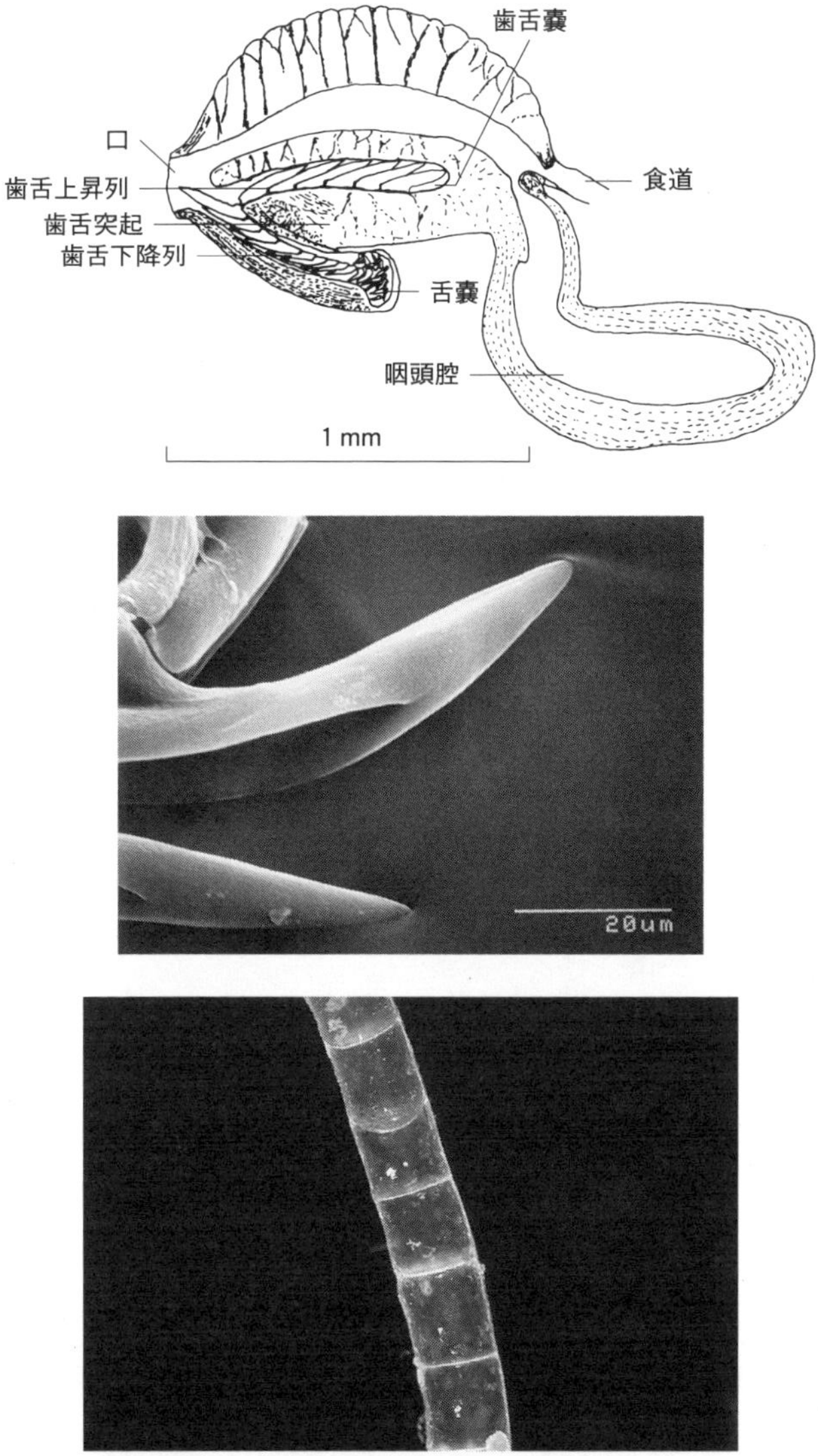

図 8　(A) 嚢舌類の歯舌，歯舌嚢，舌嚢の配置．口にもっとも近い下降列歯のひとつで海藻細胞に穴を開ける (Jensen, 1991より)．(B) 歯の先端の走査電子顕微鏡像．下降列では，後ろの歯はひとつ前の歯に順番に重なり，「ナイフの柄」となる．(C) 嚢舌類に細胞の中味が吸い出されて中の抜けた緑藻，ホソジュズモの一部

退いた歯も、しばらく「後輩の歯」を助ける働きがあるので捨てられない。そして、もっと古くなって、いよいよ何の役目もなくなると、「舌嚢」とよばれる袋の中に収納される（名称は似ているが、歯舌をつくり出すのは歯舌嚢、古いものをおさめるのが舌嚢である）。そんな古い歯舌をとっておいて、いったいどうするのかわからないが、とにかく、そのような袋をもっている後鰓類が嚢舌類である。舌嚢は、後鰓類多しといえども、この類しかもっていない。さらに、この類の歯舌は、槍の先かナイフのような独特な形状をしていて、その使われ方も独特である。

島原の養殖場のワカメがアマクサアメフラシに食べられて、堅い茎の部分だけが残された話を思い出してほしい。海藻を引きちぎって食べるアメフラシ類の場合は、食み跡がはっきり残るので、食害を受けた海藻は、すぐにわかる。ところが、嚢舌類の場合は、ちょっと見ただけでは、海藻が食べられたかどうかわからない。いいかえれば、彼らは海藻の外形をほとんど変えずに、それを食べる。嚢舌類が食べるのは、海藻の中身だけ、つまり、外側の堅い壁は残すので、海藻はほとんど外形が変わらないのである。もっとも、中身が食べられて空っぽになると、海藻の色のほとんどがなくなるし、水圧で壁が押しつぶされるから、注意深く見れば、食害を受けた部分がわかる。

どうやって外形を壊さず、中身だけいただくか、ここで力を発揮するのが、ナイフのような歯舌である。嚢舌類は、その独特な歯舌で海藻の壁に傷をつけたり穴を開けて、そこから中身をチューチューと吸い出して食べるのである。ナイフの刃は鋭く尖っていなければ穴開けの効果が下がる。刃先が痛むころになると、歯舌はより新しい歯舌に「刃」の役を譲って、今度はナイフの柄の役にまわる。新しい歯舌を海藻の細胞壁に力強く打ち込むためには、この柄が必要なのであろう。やがて、その務めも終わり、舌嚢の中に収納されるのである。

このような独特な摂餌の仕組みを手に入れた嚢舌類たち。穴さえ開けばこちらのもの、あとは、ほとんど液状の細胞成分をチューチューと「飲む」だけである。好物は、緑藻類、フリソデミドリガイやユリヤガイは、葡萄の房のようなイワヅタ類を食べる。イワヅタ類の細胞は、とても大きいので、ひとつ穴を開ければ、たくさんの樹液ならぬ海藻液をいただける。トウヨウモウミウシやクロモウミウシは、ジュズモやシオグサなどを食べている。これらの海藻の細胞は細長いが、やはり大きい部類である。眼を凝らせば、肉眼でも細長い細胞がつらなっているさまを見ることができる。さらに、ミルやハネモを食べるゴクラクミドリガイやミドリアマモウミウシ、どの嚢舌類も、細胞一個一個に穴を開け、チューチューと中身を吸い出して食べる、かわいいベジタリアンである。

海藻の細胞の大きさや、細胞壁の厚さが違えば、それに穴を開けるための、ちょうどいいナイフの大きさや形状は違ってくるだろう。そのためか、嚢舌類の食性は相当に専門分化が進んでいる。海藻の選択実験をすると、短時間のうちに、数種の海藻の中から好きなものを選んで取りついていく。好物でない海藻を与えても、仕方なく食べようとすることもあるが、食べ方がぎこちなく、海藻の細胞内に食べ残しが目立つ。数種の餌を食べる嚢舌類では、餌海藻を変えると歯舌の形状が変わることもあるという。

かわいいベジタリアンたちは、懸命に、海藻の細胞壁突破法を研究しているようである。

多くの後鰓類は肉食

さて、いよいよ、多数派の肉食性後鰓類たちの話である。肉食というと、まず、ライオンやトラがキリンやシマウマを倒して食いつく、勇壮な、あるいは獰猛な食べ方を思い浮かべられるだろう。一般に肉食というと、自分より小さい、あるいは力の弱い動物を狩って食べるというイメージだが、多くの「ウミウシ」の肉食は、このイメージから大きくかけ離れたものである。もっとも、なかには、一般の肉食に近い食性をもつものもいるので、まずは、そのあたりから話をはじめよう。

たとえば、「流氷の天使」、ハダカカメガイがミジンウキマイマイを食べているシーン（後鰓類紹介の口絵31）。頭部のてっぺんの口から、吸腕を伸ばし、それでミジンウキマイマイを捕まえて食べる。誰の眼にもりっぱな肉食者であろう。これに近いものには、ヒラムシやゴカイ、小さな二枚貝類などを食べる頭楯類のカノコキセワタガイやオオシイノミガイの仲間がいる。これらの後鰓類たちは、しかし、ハダカカメガイのもつ吸腕のような狩りのための特別な「道具」をもたず、大きな口を開けて獲物を吸い込むようにして食べる。ちょっと変わった丸のみ食いをするのは、あのおかしな顔のメリベウミウシとその仲間で、彼らは、口のまわりの頭巾を拡げて、それを投網のように使い、その中に入ってきたヨコエビなどの甲殻類を食べる。

ウミウシを食べるウミウシ

食べることの目的は、生きるためのエネルギーと体をつくる成分を手に入れることである。近縁の生き物同士は、その体成分が似ている。ということは、体をつくるための成分を効率よく手に入れようと思えば、自分に近い者を食べればいいということになる。その意味で、植食より肉食、ゴカイやヨコエビ食いより後鰓類食い、さらには、他種の後鰓類を食べるより同種の後鰓類を食べる方が、より「良い」食性ということになる。それでは、共食いがいちばんということになってしまうが、たまに共食いもしてしまうという動物はいても、共食いしかしないという動物は、当然のことながら、すぐ滅んでしまうはずだから、そんなものはいない。

私自身が目撃した後鰓類の共食い現象といえば、いくつかの種のミノウミウシが、何日も餌をやらないと、お隣の同胞の背側突起をちょうだいしたという控えめなものであるが、後鰓類の世界では、もっとおどろおどろしい共食いも知られている。たとえば、背楯目のウミフクロウ類、地中海で行われた胃内容物調査では、少数ではあるが、同種の小型個体が食べられていた。ウミフクロウ類は、おとなになると足腺とよばれる器官をもつのだが、食べられていた小型個体には、まだ、この器官がなかったという。たぶん、この足腺が同胞であることを仲間に知らせる物質を分泌するため、大きな個体は食べられないだろうということなので、まずは、一安心。

ウミフクロウ類の共食いは、カリフォルニアや香港で行われた調査でも確かめられていて、かなりの割合で同胞を食べていたという。ウミフクロウ類は、とにかく何でも食べる。ゴカイ、ヨコエビ、クモヒトデ、さらには死んだイカや魚などなど。海底を這いながら、食べられると認知したものは、手当りしだいに食べようとするに違いない。かつて、ウミフクロウの世話をしていたとき、私の指をかじってきた恩知らずのことを思い出す。何でも食べるウミフクロウたち、誤ってつい同胞も、それと気づかず食べてしまうのだろう。

このように、同胞を食べる共食いは稀であるが、他種の後鰓類を食べる同類食いはけっこう知られている。まずは、共食いまでしてしまうウミフクロウ類。何と、先に述べた香港の調査では、一例だが、一個体の胃袋から四種の後鰓類が得られている。その四種の後鰓類の関係がおもしろい。まず、胃袋から最初に出てきたのは、一匹の同種のウミフクロウ。つまり、共食いをしていたのだ。次に、その食べられていた個体の胃袋を開けてみると、一匹の頭楯目のキセワタガイの仲間が入っていた。そのキセワタガイの仲間のお腹からは数個の、これまた頭楯目のマメウラシマガイの仲間が出てきたのである。その小さな後鰓類が、次々により小さい同類を食べる、いわば後鰓類食物連鎖のあり方をよく物語っている。大きなウミフクロウ類に勝るとも劣らない獰猛な後鰓類として悪名高いのは、頭楯目のカノコキセワタガイの仲間で、北アメリカ産のナバナクス・イネルミス。この種が食べると報告された後鰓類には、同属のカノコキセワタガイ類、同じく頭楯目のブドウガイ類、裸鰓目のアケボノウミウシの仲間、フジタウミウシの仲間、エムラミノウミウシなど、相当数にのぼる。

先にも紹介した有殻翼足目のミジンウキマイマイを食べる裸殻翼足類のハダカカメガイ、これもりっぱな後鰓類食いである。さらに、ヤツミノウミウシを食べるトウリンミノウミウシ、ミラーリュウグウウミウシを食べるイシガキリュウグウウミウシなど、裸鰓類が裸鰓類を襲うスペクタクルな写真が図鑑類に多数紹介されている（口絵―食事）。注目すべきところでは、キヌハダウミウシ類がある。そのしなやかで美しい姿からは想像もつかないが、この類はかなり獰猛らしい。いままでに、この類の餌として知られるものは、ほかの裸鰓目のウミウシか、嚢舌類。ハゼの背鰭に寄生するスミゾメキヌハダウミウシを除けば、まさに、後鰓類食い専門のウミウシのようだ。しかし、このように同類食いばかりをするものはむしろ例外で、多くは、ほかの動物も食べるが後鰓類も食べるというものである。

卵を食べるウミウシ

体の成分を効率よく手に入れるためには、自分に近い生物を食べるのがいい。しかし、餌の価値は、その構成成分だけでは決まらない。エネルギー摂取効率も関係する。この点も考慮に入れてもっとも効率がいいと思われるのは、卵食いであろう。卵には、生まれてくる子どもに対する「親の愛情」がいっぱい。卵黄や卵白には、子どもが卵から出て自活するまでの間の栄養が詰められている。こんなご馳走を放っておく手はない。鶏卵、鶉卵、数の子、いくら、ウニ卵、私たちもいろいろな動物の卵をいただいているが、どれも滋養豊かな食品ばかりである。また、卵は動かない。餌を捕まえるためのエネルギーを節約できる。さらに、「堅い構造」がないので、消化も簡単、捨てるところも少ない。体内での消化吸収にかけるエネルギーも少なくてすむ。何とも「うまい」餌である。

わが国で、卵食い後鰓類として知られているものは、裸鰓類のチゴミノウミウシとその仲間（口絵―食事）。このミノウミウシは、アメフラシ類など他の後鰓類の卵を食べる。また、先に述べた「嚢舌類の変わり者」も、やはり、後鰓類の卵を食べることが知られている。卵食い後鰓類の多くは、他の餌も食べるが、卵も食べるというものなのだが、なかには卵食いに専門分化しているものもいる。たとえば、モウミウシのオレアの仲間、あの嚢舌類独特の歯舌が痕跡的なものになっている。海藻に穴を開けて食べることは、もうできないだろう。また、裸鰓類のカルマ・グラウコイデス。この類の成体は卵以外のものを食べない。とくに魚卵が好物である。消化がよく、捨てる部分のない卵。不消化物を糞にして捨てる必要がないため、この類の肛門は、発生の途中で閉じてしまう。こうなると、もうふつうのものは食べられない。ああ悲しきかな！　これぞカルマ（業《ごう》）、かくも卵に執着した結果である。

動物らしくない動物たち

共食い、卵食いを含め、いままでの肉食性後鰓類のお話は、それなりに、肉食ストーリーとして理解していただけたと思う。これまで、後鰓類の餌として名前をあげた動物は、ゴカイ類、二枚貝類、ヨコエビなどの甲殻類、同類の後鰓類などで、これらが動物だということを疑われる方は、まずいないだろう。しかし、これらの動物らしい動物は、後鰓類の餌としては、少数派。つまり、肉食性後鰓類の多くが食べているものは、これまでに名前のあがらなかった動物たちなのである。

それでは、多くの肉食性後鰓類は、何を食べるか？　ずばり、カイメン、コケムシ、ホヤ、サンゴとその仲間など（図９）。サンゴが動物だといわれても驚かれる方は少ないだろうが、岩などの上を覆って、まったく動かず、触手もなければ構造物らしいものは何もない、あのカイメンが動物なのかと思われる方は多いと思う。ましてやコケムシなんて、どんな姿かたちをしているのか、見たこともないという人もいるだろう。

カイメンは、いくつかの働きの違う細胞が組織レベルで協調して生きている動物で、いわば、その体は細胞の塊。器官とよべるようなものはいっさいない。細胞が増えてその塊が大きくなる。それなりに種独特のかたちをもつものもあるが、多くは、不定形。いったいどこまでが一個体なのか、個体性ははっきりしない。サンゴに見られるような個虫《こちゅう》のようなものもないので、群体ともよべない。しかし、こ

図9　ウミウシの好物である付着動物たち．(A) カイメンの一種，(B) コケムシの一種，(C) 群体ボヤの一種，(D) サンゴの一種，(E) ヒドロ虫の一種

のカイメン、実はれっきとした動物の一員で、それも、われらが後鰓類のたいせつな餌動物なのである。

それでは、コケムシはというと、これまた、移動しない。でも、カイメンよりは、いろいろな構造がわかる。それなりに器官もある。サンゴのように、個虫とよべるもの（虫体）があって群体性の生物だとわかる。群体には、岩の上などに薄皮状に拡がる二次元的なものと、いっけん、海藻のように見える樹状の三次元的なものがあるが、どちらも群体だけ見ていると、とても動物には見えない。でも、忍耐強く観察していると、堅い外包（虫室）からときどき、虫体が出たり入ったりするのを見ることができる。なるほど、動物らしい。

ホヤは、東北地方では食用にされるので、おなじみの方も多いだろう。やはり、岩などに固着し移動しない。よく見ると二つの穴が開いていて、それがときどき開いたり閉じたりするので、何となく動物だなと思えてくる。被嚢《ひのう》とよばれる丈夫な外皮をむいて中をのぞくと、体の中には、いろいろな器官があることがわかる。食用ホヤは単体性だが、われらが後鰓類が食べるホヤは、ほとんどが群体性である。

サンゴは、ご存じのように群体性の生き物で、石灰質の堅い骨格の中に個虫（ポリプ）がすんでいる。サンゴは、刺胞《しほう》動物門、または腔腸《こうちょう》動物門とよばれる動物のグループに属するが、その仲間には、ヤギやウミトサカ、イソギンチャク、さらにはクラゲ類も含まれる。クラゲ類の多くは、世代交代をする、つまり、浮遊性のクラゲとして生活したり、固着性のポリプとしてくらしたりする。そのポリプの多くは群体性で、さまざまな形状の群体をつくる。代表的なものが、ヒドロ虫類で、その多くは、やはり、後鰓類の重要な餌となっている。

ウミウシは付着動物がお好き!

カイメン、コケムシ、サンゴ、ウミエラ、ヒドロ虫など、ちょっと見ただけでは動物とは思えない動物たち。これらが動物だとは思えない最大の理由は、何かに付着して移動しないからであろう。このために、これらの動物は、付着動物とよばれることがある。付着動物には、このほかに、二枚貝類のカキやイガイ、フジツボ類（節足動物、甲殻綱に属する）やウズマキゴカイやカンザシゴカイ（環形動物、多毛綱に属する）なども入る。付着動物は、もともとは、漁業などのために人間がつくった桟橋や海水取り込み用のパイプなどの人工物に付着して、その機能を減ずるような、ありがたくない動物に与えられた名前なので、サンゴやウミエラまでこれに含めるのは、これらの動物に少々申し訳ないのだが、ここでは、ほとんど移動しないで何かについて定住生活をする動物という意味で、この名でよぶことにする。

これらの付着動物を食べる後鰓類として、たとえば頭楯目のウミコチョウ類にカイメンを好んで食べるものが知られている。また、背楯目のフシエラガイ類の好物はホヤだが、なかにカイメンやヒメイボヤギを食べるホウズキフシエラガイのような種もいる。同じく背楯目の、何でも食いのウミフクロウ類は、ゴカイ、二枚貝やクモヒトデなどのほかに、ヒドロ虫類やヤギ類などの刺胞動物も食べる。しかし、「後鰓類の多くが、付着動物を食べる」、そういえるのは、後鰓類中、最大の種数を誇る裸鰓目の種、つまり、狭義のウミウシのほとんどが付着動物を食べるためである。例外は、メリベウミウシやキヌハダウミウシ。前にも書いたように、メリベウミウシ類はヨコエビなどの甲殻類を食べるし、キヌハダウミウシ類はもっぱらほかの後鰓類を食べる。しかし、そのような例外的なものを除けば、すべての裸鰓目ウミウシは付着動物が大好きである。

一章で紹介した裸鰓目の仲間を思い出してほしい。まず、ドーリス類、この類のウミウシたちの主な餌は、カイメン、ホヤ、コケムシである。ドーリス類は、オカダウミウシやイボウミウシ類のような例外的なものを除いて、外鰓とよばれる花びら状の鰓を背中にもっているが、この外鰓を体の中に引っ込めることができるものと、それができないものが区別される。このように区別される二つのグループは、食性も違う。

まず、背中の外鰓を引っ込めることのできるグループのウミウシたちには、アマクサウミウシ、イソウミウシ、キイロクシエラウミウシ、カイメンウミウシ、ツヅレウミウシ、ヤマトウミウシ、クモガタウミウシ、ヒオドシウミウシ、ミカドウミウシ、アオウミウシ、シロウミウシ、クロシタナシウミウシなどがいる。これらのウミウシは、体が平べったく小判型をしたものが多い。彼らは、全員がカイメン食者である。イソウミウシやツヅレウミウシ、その名もカイメンウミウシなどは、なるほど色や皮膚の感触までカイメンに似ている。それらとは対照的に、体がしなやかで色模様のきれいなイロウミウシ類のアオウミウシやシロウミウシなども、やはりカイメンを食べる。背中に鰓はないが、イボウミウシ類もカイメン食者である。

ドーリス類のもう一群のウミウシたちは、小判型というより細長く、大小各種の突起をもつものが多い。フジタウミウシ、ヒカリウミウシ、リュウグウウミウシ、ヒロウミウシ、ヒメエダウミウシ、ネコジタウミウシ、イバラウミウシなどで、その大部分がコケムシかホヤを食べる。少数ながら、センヒメウミウシなどのように、カイメンを食べるものもいるが、そのカイメンは外鰓が引っ込むものが食べるものとは異なるグループに属する。体が小さく、鰓のないオカダウミウシは、付着性のゴカイの仲間、ウズマキゴカイを食べることが知られている。

ミノウミウシ類が食べるのは、ヒドロ虫、イソギンチャク、サンゴなどの刺胞動物である。浮遊性のミノウミウシとして有名なアオミノウミウシも、やはり刺胞動物食者で、カツオノエボシやギンカクラゲなどを食べる（口絵—食事）。同様に浮遊生活を送るが、自ら泳ぐのではなく漂流物についてくらすヒダミノウミウシは、ヒドロ虫だけでなく、これまた、漂流物をすみ家とするエボシガイ（フジツボの仲間）も食べる。

スギノハウミウシ類の餌も、やはり刺胞動物である。マツカサウミウシやユビウミウシはヒドロ虫類を好んで食べているし、大型のホクヨウウミウシは、顔じゅうを口のようにして大きなウミトサカにかぶりつく。

タテジマウミウシ類には、刺胞動物食者とコケムシ食者の両方がいる。タテジマウミウシの名にふさわしい、縦筋のある平たい背中をもつ種は、ウミエラやハナゴケ、ヤギといった刺胞動物を食べる。一方、多数の背側突起をもつショウジョウウミウシやコヤナギウミウシたちは、もっぱらコケムシを食べている。

何でも屋と専門家

移動しないという特徴でひとくちに付着動物とよばれても、刺胞動物、コケムシ、カイメン、ホヤ、それぞれは、まったく別の門に属する縁の遠い動物。体の構造も違えば、生態も違う。岩の上にべったりと張りついたカイメンをかきとって食べるのと、サンゴの堅い骨格の中から、ポリプを引っぱり出して食べるのとでは、まったく違う食べ方が要求される。異なる摂餌器官の構造と、摂餌方法が必要だろうというのは、容易に想像がつく。摂餌器官をいくつかもって、餌ごとにそれを取り替えたりできれば、何でも食べられるのだろうが、いくらウミウシたちが多才でも、それは至難の業である。当然のことながら、それぞれの種は、それなりに特定の付着動物を選んで食べることになる。このような餌選択性は、さらにきめ細かく決まっているようだ。

たとえば、ひとくちに刺胞動物食といわれるミノウミウシ類だが、ジライヤウミウシのようにサンゴを食べるもの、オオコノハミノウミウシのようにウミトサカの仲間のウミキノコを食べるもの、オオミノウミウシやヤマトワグシウミウシのようにイソギンチャク類を食べるもの、ムカデミノウミウシやホリミノウミウシなどのようにヒドロ虫類を食べるものというように区別できる。サンゴもイソギンチャクも食べるとか、イソギンチャクもヒドロ虫類もというような種は、まずいない。

かつて、瀬戸内海の海藻のクロメ上にすむホリミノウミウシとミサキヒメミノウミウシの食性を調べたことがある。そのクロメの上には、モハネガヤ、エダフトオベリア、ヒラタアシナガコップガヤの三種のヒドロ虫が群生していたが、ホリミノウミウシは、すべてモハネガヤから、ミサキヒメミノウミウシはエダフトオベリアの上から採集された。シャーレの一方にモハネガヤ、他方にエダフトオベリアを置いて、二種のミノウミウシに選ばせると、それぞれが野外でついていたヒドロ虫を選んだ。お互い境界を接しながら、クロメ葉上にはびこっている三種のヒドロ虫の中から、それぞれの餌を選んで、微小生息場所をすみわけているさまは、実に見事だった（図10）。その後、オホーツクを旅行したとき、その二種が同じ組み合わせで、今度はホンダワラ類の葉上から採集された。そのホンダワラには、マモハネガヤとヒラタオベリアが付着していたが、前者にはホリミノウミウシだけが、後者にはミサキヒメミ

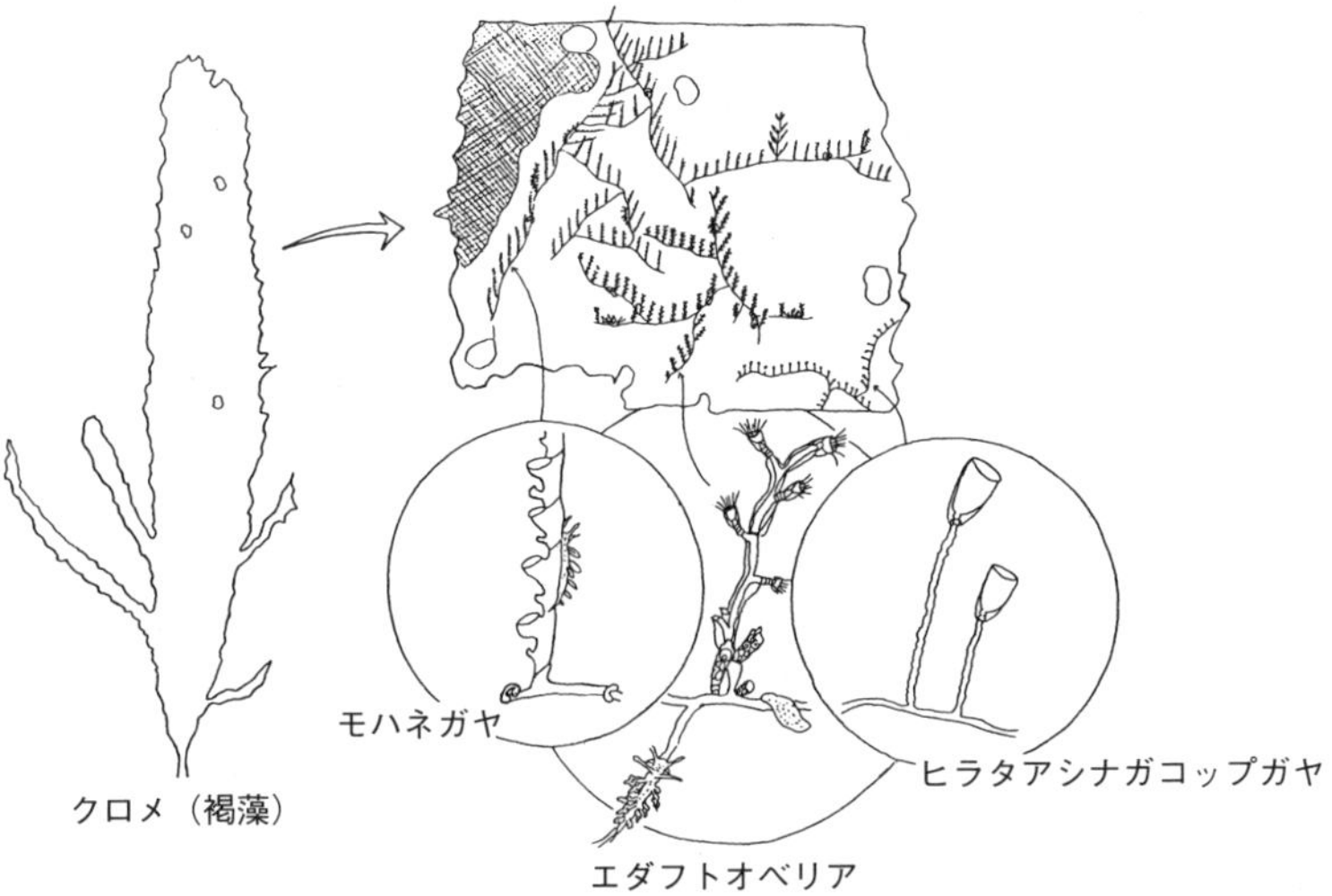

図10　海藻上の異なるヒドロ虫種を明瞭にすみわけているミサキヒメミノウミウシとホリミノウミウシ．（Hirano & Hirano, 1985より）

ノウミウシだけがついていた。つまり、北海道でもホリミノウミウシはハネガヤ類を、ミサキヒメミノウミウシはオベリア類を食べていて、これらのミノウミウシは、食性の点でかなりの専門家であることがわかった。

しかし、なかには、もっといろいろな餌を食べることができる何でも屋的な種もいる。コマユミノウミウシは、タマウミヒドラ、エダウミヒドラ、エダアシクラゲ、ハイクラゲ類などのヒドロ虫を食べるし、ヨツスジミノウミウシやフタスジミノウミウシもタマウミヒドラ、エダウミヒドラ、オベリア、コップガヤ類など種々のヒドロ虫を食べる。このように比較的多くのものを食べられる種がいる一方で、かなりの種の専門家がいる。前に述べたアメフラシ類や嚢舌類にも、多くの専門家がいた。より多くのものを食べられる方が、餌にありつけるチャンスも多く、かつ、どれか餌がなくなっても、つぎつぎに他の餌に移っていけばいいのだから、圧倒的に有利なようだが、後鰓類の世界も、どうやら何でも屋の天国にはなっていない。

とことん餌を利用する

食えない海産物

海産物という言葉がある。辞書によれば、海から採れる魚介類や海藻のこととしか書いてないが、言外には食用という意味も込められていると思う。ワカメやコンブといった海藻類、魚類をはじめ、多くの二枚貝、イカ、タコなど軟体動物にも海産物は多い。われらが後鰓類の親戚であるふつうの巻貝類にも、アワビ、サザエ、ツブなど、海産物の名にふさわしいものがいる。それならば、われらが後鰓類にもと思うが、海産物とよべそうな後鰓類は一種もいない。理由は、簡単である。うまくない、まずいのである。

どのくらいまずいか試してみたことがある。カメノコフシエラガイは、なめると苦く舌を刺すような味がした。クモガタウミウシをなめると、やはり、舌がピリピリする。身の危険を感じて、それ以上の「試食」はやめることにした。しかし、その後、大型のイシガキウミウシの仲間が採れたとき、その大きさと異様な臭いの「誘惑」に勝てず、またもや味わってみることにした。前回の「試食」実験から、その怖さをある程度察知できたので、今回は背中を手でさわって、その手をなめるという方法をとった。背中を「やさしく」なでた手には、すでに強い酸臭が漂っている。恐る恐る指を舌にあてる。一瞬、「なあんだ、たいしたことないな」と思ったが、次の瞬間、強い苦みのような痛みのような感覚が舌に走った。あわてて口をすすいだが、いやな後味がしばらく消えず、何度も口をすすいだことを覚えている。手の臭いもしばらく消えなかった。もう「試食」実験は絶対やめよう、そう思った。

最初にナマコを食べた人は偉いと思う。ナマコには、毒性のあるものとないものがいる。食用キノコの選別と毒キノコ排除の歴史と同様に、多くの「献身的な」犠牲の上に、食べられるものとそうでないものが長い間にふるいわけられてきたのである。食べられるウミウシというものを、今日なお一種も聞かないのは、それが人類の賢い教えであることを素直に信じるべきだったのだ。

ただ、アメフラシ類の中には、すこしはいけるものがあるらしい。中国地方の一部や韓国では、アメフラシをゆでて酢みそか何かで食べるというのを聞いたことがある。また、フィージーでは、やはり無楯目のタツナミガイを食べる習慣があると聞いた。ゆでたタツナミガイを細かく刻み、さらにココナッツミルクの中でもう一度ゆで、内臓と和えたものをレモンを振りかけてマリネのようにして食べるという。しかし、この一部の地域の例外的食習慣を除けば、後鰓類は、海から採れても海産物とはいえず、すこし皮肉っていえば、食えない海産物である。後鰓類は、どうしてまずいのか？　その秘密は、前章で紹介した彼らの餌にある。

動かない生物たちのつくるもの

付着動物は逃げないので、捕まえるのがたやすい。卵食い同様、餌を手に入れるためのエネルギーを節約できる。これを食べるのは「賢い」食性である。しかし、この「賢い」食性には、乗りこえなければならないひとつの壁がある。海藻もそうだが、何かに付着して動かない動物たちとて、喜んで食べられているわけではない。捕食者から身を守ろうと必死なのである。かといって、動いて逃げることができない。どうしたものか?

ひとつは、外敵が近づきにくい、岩の割れ目や窪みなどにすんだり、サンゴやコケムシのような、堅い骨格や外包の中にすんで、外敵から逃れる方法。コケムシには、外包の表面に刺《とげ》のような突起をもつものもあって、さらに食べられにくくしている。カイメンは、炭酸カルシウムやケイ酸からなる鋭い骨片や、硬タンパク質の堅い組織などで、身を守っていたりもする。しかし、もっとも重要な方法は、化学防御、つまり、外敵が嫌がる化学物質を生産し、それで外敵をやっつけたり、追っぱらったりするものである。

海藻や付着動物など、動かない生物たちにとって怖いのは、捕食者だけではない。体の表面に、細菌や、ほかの海藻、付着動物などがつくと、動いてふりはらうことができない。どんどん体が蝕まれたり覆われたりして、命に関わるきわめて深刻な事態になる。そこで、捕食者や細菌などの侵略者に対抗するために、彼らはさまざまな化学物質をつくり出す。同様のことは、陸上植物もやっている。

彼らのつくる化学防御物質の種類は、テルペン、フェノール、ステロイドなどで、その効力もさまざま。もっとも強いものでは、食べたものを死にいたらしめる、つまり、毒になる。やや弱いものは、捕食者に摂餌阻害をおこす、つまり、食欲をなくさせるほどの「まずさ」をもつ。さらに弱いものになると、大型の生物には大した効力をもたないが、細菌などの微小な生物をやっつける、抗菌性をもつものなどがある。これらの物質の効き目は、外敵の種類によって、また、使用される量によっても違ってくる。われわれヒトにはほとんど効かず、むしろ抗生物質としてわれわれの体を守ってくれるものも、細菌などの微小なものにはりっぱな毒だし、魚には毒性があってもヒトデや貝には効かないという物質もある。また、ちょっと食べただけでは、「まずい」と驚くだけですむものであっても、食べすぎると命を落とす、りっぱな毒ということもある。とにかく、どれも海藻や付着動物にとってはたいせつな防御の手段、その捕食者にとっては、ありがたくない危険な物質であることは確かである。

そのような物質をもつものを食べるからには、ウミウシたちにも、それなりの覚悟がいる。ひたすら「まずさ」に耐えることが必要になってくる。多くの種類の海藻や付着動物を食べようとすれば、より多くの物質に耐えなければならない。このことが、海藻食者や付着動物食者の後鰓類に、多くの専門家がみられる理由であろう。

化学者後鰓類

海藻や付着動物が苦心してつくり上げた防御物質が、後鰓類には効かないらしい。実際、カリフォルニア産のカイメン、アプリジナ・フィスチュタリスを入れておいた水槽の水が、エダクラゲ類のヒドロ虫、キタアミコケムシ、ダイオウテンガイガイ（カサガイの一種）やヒトデなどに毒性があったのに、背楯目のヒトエガイの仲間には効かなかったという。多くの動物が敬遠する「ゲテモノ」を好んで食べる後鰓類たち。まさに、化学防御を打ち破る術は、彼らのひとつの特技である。

しかし、彼らの特技は、それにとどまらない。なんと、餌生物のもっている防御物質を利用する術にも長けているのである。全員、貝殻をもたない丸裸の裸鰓目ウミウシをはじめ、多くの後鰓類は貝殻をすっかり失っていたり、もっていても痕跡的なものだったりする。比較的大きくりっぱな殻をもっている種でも、軟体部全部を貝殻の中に収納し、捕食者の攻撃から逃れることができるものはきわめて少ない。そこで、貝殻に代わる防御の手段が必要である。餌の中に含まれる防御物質、これを利用しない手はない。

たとえばカイメンを食べるイボウミウシ類、イロウミウシ類、クロシタナシウミウシ類などのウミウシは、カイメンをさまざまな大きさの分子に分解して、栄養分をいただくとともに、カイメンがもっている防御物質をもちょうだいし、それを背中の腺細胞の中に蓄える。カイメンのもっているものなら、何でもかんでも蓄えるというのではなく、有効なものだけを選択的に蓄えるという。

なかには、カイメンのもっている防御物質に、ちょっと手を加えて、さらに強力な物質にしたり、もともとは防御効果のなかったものを活性化させる業《わざ》をもつウミウシもいる。また、クロシタナシウミウシの仲間のように、もっと大がかりな生合成を行って、防御物質をつくり出すほどの化学者ウミウシもいる。

刺胞動物のウミキノコを食べるオオコノハミノウミウシや、フサコケムシの仲間を食べるリュウグウウミウシ類などからも、やはり、餌由来の防御物質が見つかっている。また、頭楯目のキセワタガイ類や、背楯目のフシエラガイ類などは、ホヤ類を食べて皮膚の特殊な腺細胞に硫酸を蓄える。攻撃を受けると、ペーハー1という強酸性粘液を分泌するという。

海藻食者にも、化学者は多い。嚢舌目の多くの種が好んで食べる緑藻のイワヅタ類は、各種の防御物質を含んでいる。フリソデミドリガイなどは、小さな貝殻をもつだけで、大きい軟体部を無防備にさらけ出しているが、頻繁に出会うスズメダイ、ブダイなどの魚からは敬遠されている。フリソデミドリガイを強く刺激すると、白い粘液が放出されるが、この中にはイワヅタ類の学名、カウレルパから名づけられた防御物質、カウレルペリンが含まれている。

アメフラシ類も、餌海藻から防御物質を取り込む。それらの中には、アプリジアピラノイドなど、アメフラシ類の学名、アプリジアにちなんで名づけられた物質もある。ラン藻食者のクロスジアメフラシのもつ防御物質の一種にも、アプリジアトキシンと名づけられた物質があるが、これは、餌由来の前駆物質の一部を加工したもので、アメフラシ類の中にもちょっとした化学者がいるようである。

アメフラシといえば、紫汁。春の磯で、誤ってアメフラシを踏んで、足元が一面、紫色になって驚かれた経験をおもちの方も多いだろう。あの紫色の汁には、色素とともに、さまざまなテルペンが含まれていて、やはり防御効果があるらしい。海藻から取り込まれた物質は、紫汁腺のほかにも、オパーリン腺や、皮膚や中腸腺に蓄えられるが、それらの多くもアメフラシの防御物質として働いている。

盗刺胞《とうしほう》

後鰓類の餌利用の巧みさは、単なる化学物質の取り込みにとどまらない。小さな分子に分解された物質だけではなく、もっと大きな構造をも丸ごと取り込み利用するものが知られている。このうち、防御のために行われるのが、ミノウミウシ類による盗刺胞である。

刺胞は、サンゴや、イソギンチャク、ヒドロ虫類などの刺胞動物がもつ特殊な細胞、刺細胞《しさいぼう》の中でつくられる細胞内構造で、それらの動物が、餌となる他の動物を捕えたり、外敵から身を守ったりするために使われる。多くの刺胞は、そのカプセルの中に毒液を蓄えていて、ほかの動物からの刺激を受けると、カプセル内に折りたたまれていた刺糸《しし》が反転して飛び出し、その先端からカプセル内の毒液が動物体内に注入される仕組みになっている。毒の強さは、刺胞の種類、刺胞動物の種類によっていろいろで、毒が強いものでは、われわれヒトにも十分すぎるほど効くものがある。アンドンクラゲやアカクラゲに刺されると痛いのは、この刺胞毒のためである。カツオノエボシやハブクラゲなどに刺されると、単に痛いではすまされない激痛と危険に襲われることになる。

その毒に強弱はあっても、すべての刺胞動物は、刺胞をもっている。体の大きなヒトにはほとんど効かない弱い毒でも、体の小さな動物には致命的なものもあろう。そんなやっかいな刺胞動物を食べるだけでも凄いのに、ミノウミウシ類の多くの種は、食べた刺胞動物から刺胞を上手に「盗む」。それらのミノウミウシ類の背側突起の先端には、刺胞嚢という特別な構造がある（一章、図5）。餌動物から盗んだ刺胞は、突起の中脈をなす中腸腺から、その刺胞嚢に運ばれ、そこに蓄えられる（図11）。

そもそも刺胞は、刺胞動物の武器。ミノウミウシたちが、イソギンチャクやヒドロ虫類に食いつこうとすれば、当然、その武器の反撃を受けることになろう。実際、ミノウミウシたちが、ヒドロ虫類に近づき、それを食べようとするところを観察すると、頭触手でチョンチョンとヒドロ虫にさわりながら、ときに大きく顔を背け、かなり痛がっているようなそぶりを見せる。痛がっているように見えるのは、もしかしたら私の先入観からで、実は、ミノウミウシたちは、頭を大きく振り上げるほど、喜び興奮しているのかもしれないが。

それでも、餌の刺胞動物の刺胞のすべてが発射されずにウミウシに取り込まれるのでないことは、多くの研究者によって確かめられている。食いつかれて、のみ込まれる過程で、かなりの刺胞が発射されてしまうようだ。胃内の刺胞の約半分は発射しているという。また、糞の中にも発射した刺胞が含まれているので、刺胞の全部が無傷で取り込まれるのでないことは明らかだ。とはいえ、刺胞の一部は確かに無傷で取り込まれ、中腸腺の中に送られる。そして、その先で刺胞嚢内壁にある刺胞嚢細胞に取り込まれ保持される。なぜ、一部とはいえ、刺胞を発射させずに取り込むことができるのか、まだ、はっきりとはわかっていない。粘液を分泌して発射を最小限に抑えるという説、クマノミが、共生するイソギンチャクに対すると同様に順応するという説、さらに、まだ発射準備のできていない未成熟な状態で刺胞を取り込み、刺胞嚢細胞に取り込んでから成熟させるという説などがある。

いずれにしても、うまく発

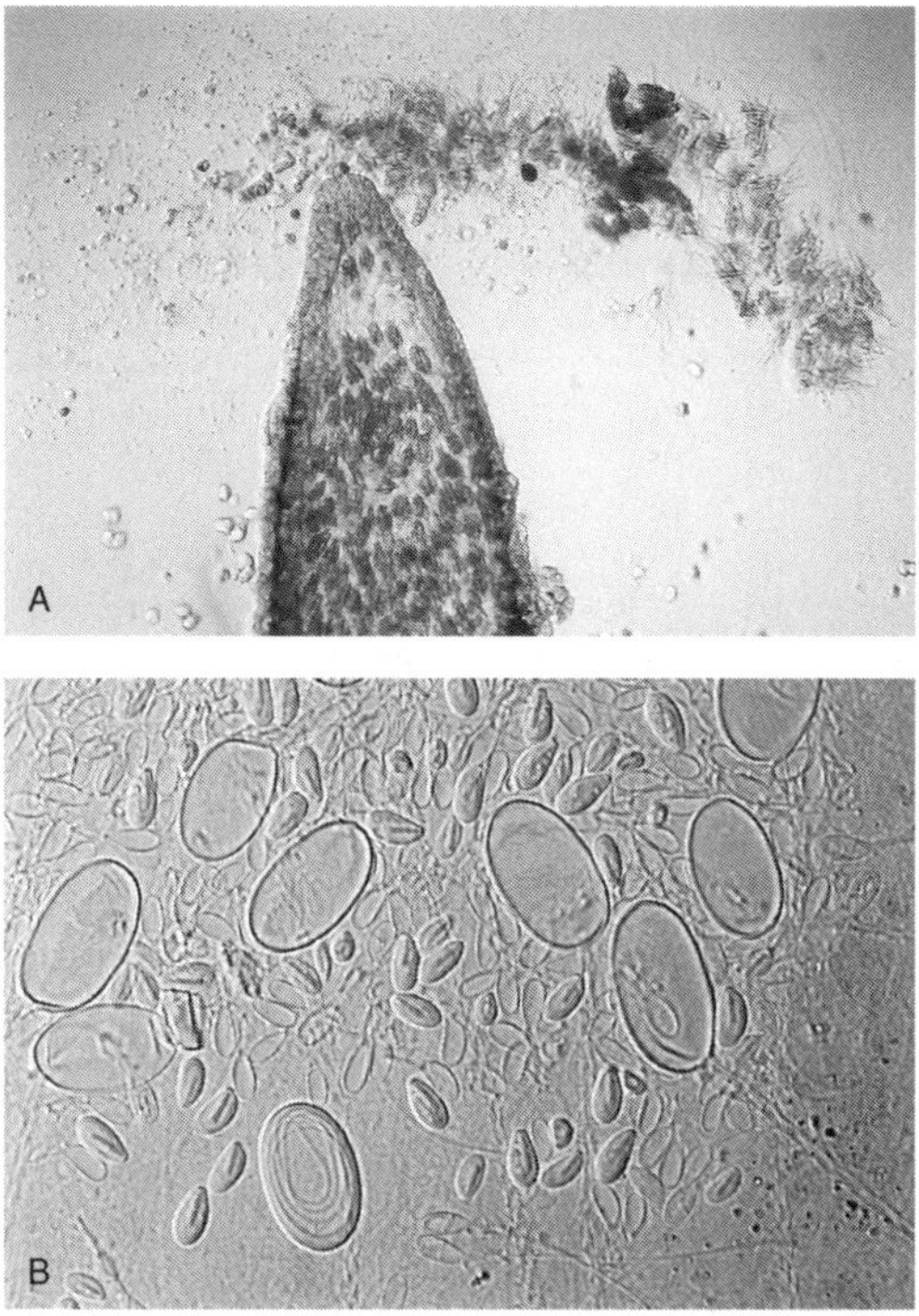

図11　(A) ミノウミウシ類の背側突起先端に見える刺胞嚢と刺胞の光学顕微鏡像．(B) 刺胞数種の光学顕微鏡像

射を免れ、刺胞嚢に取り込まれた刺胞は、そこで、外敵の攻撃に備え待機することになる。なかには、餌のもつ刺胞の中から、より攻撃力の大きそうなものを選択的に蓄えるものが知られている。オショロミノウミウシ類の一種に、ハネウミヒドラの仲間を食べ、その中の特定の刺胞を選択的に取り込み、ほかは消化してしまうものがいる。また、アオミノウミウシは、カツオノエボシ、カツオノカンムリ、ギンカクラゲを食べるが、刺胞嚢には、カツオノエボシの刺胞のみを、それももっとも大型のものだけを蓄えるという。先にも述べたように、カツオノエボシはわれわれヒトにも恐れられているクラゲの代表的なものである。

ミノウミウシ類の背側突起の中に未発射の刺胞が最初に見つかった頃には、それらは、ミノウミウシ自身によって生産されたものだと信じられていた。いまでは、ウミウシが生産するのではなく、餌の刺胞動物から取り込んだもの、つまり、盗刺胞であることを疑う人はいない。餌生物の細胞内構造を消化しないで取り出し、それを特別な細胞の中に取り込んで機能を失わないように保持する。化学成分を取り込む以上に、複雑で巧妙な仕組みが必要であろう。ミノウミウシ類と餌刺胞動物の非常に特異で親密な関係がうかがわれる。

太陽電池をもつ後鰓類

刺胞動物の中には、体内に渦鞭毛藻類《うずべんもうそうるい》をすまわせているものがいる。宿主の刺胞動物は、その藻類が光合成によってつくり出した有機物や酸素をもらい、代わりに光合成その他の有機物合成に必要な二酸化炭素や窒素などを渦鞭毛藻にお返しする。渦鞭毛藻がつくり出した光合成産物は、動物にもわけ与えられるが、もちろん自分自身が生きるためにも使われるのであるから、動物側からのお返しは、ありがたい。まさに、ギブ・アンド・テイク。このように渦鞭毛藻とそれをすまわせている動物との関係は、お互い利益を与え合っているので、そのような渦鞭毛藻は共生藻とよばれる。

共生藻といえばサンゴが有名だが、イソギンチャクやヒドロ虫の中にも共生藻をもつものがいて、それらの刺胞動物を食べるミノウミウシ類やスギノハウミウシ類の中に、共生藻を餌から取り込んで、ちゃっかり自分のものにしてしまうものがいる。ムカデミノウミウシやオオコノハミノウミウシ、マツカサウミウシの仲間など、いろいろな種が共生藻と親密な共生関係を築いている。太陽の光があたっていれば、その間は、共生藻からエネルギーをわけてもらえる。つまり、「太陽電池」をもっているようなものである（図12）。

後鰓類の中には、ちょっと変わった「太陽電池」をもつものがいる。餌海藻の細胞内にある葉緑体を取り込み、それを利用する嚢舌類たちである。葉緑体だけを取り込み利用する場合も、葉緑体が光合成

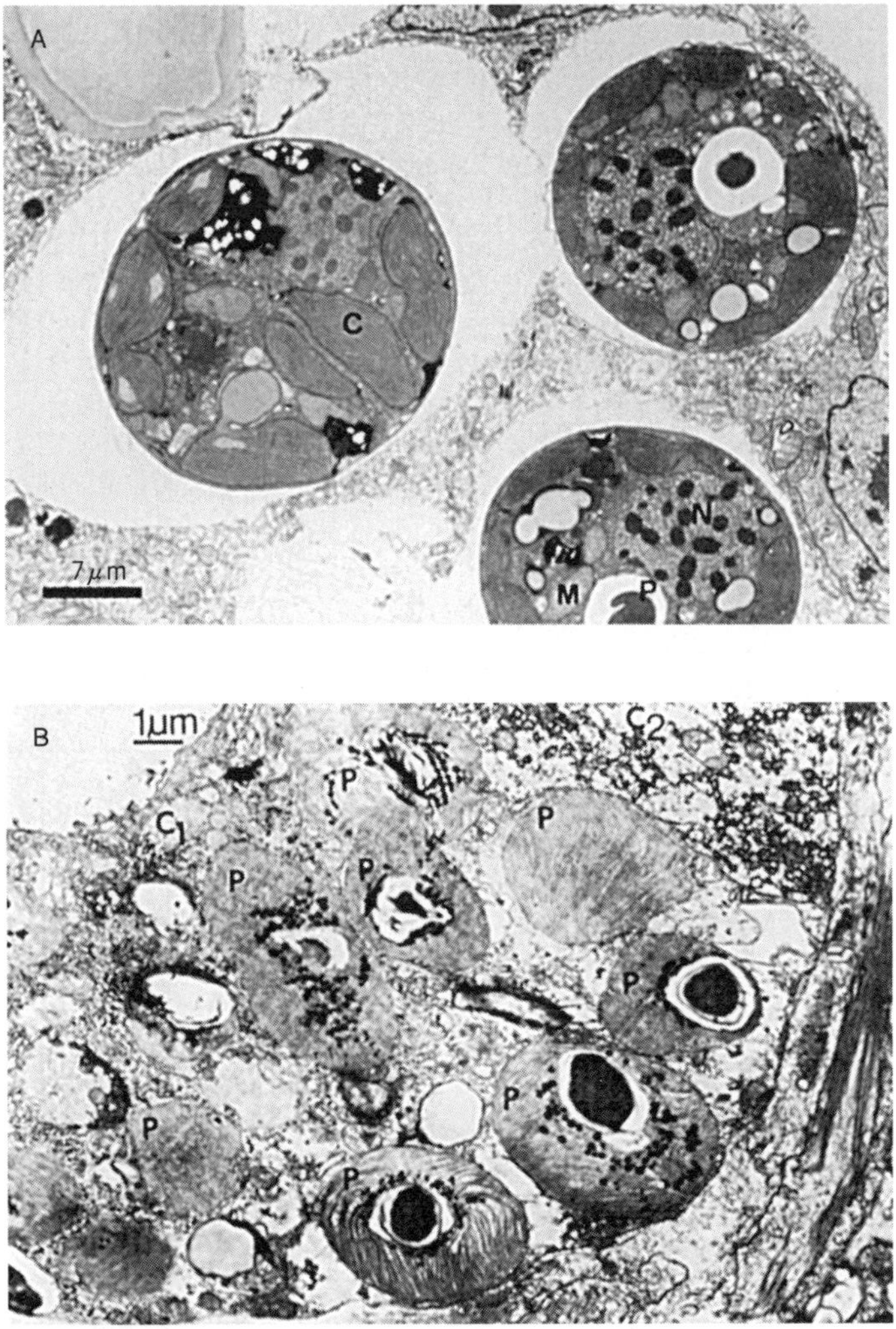

図12　(A) 裸鰓目マツカサウミウシの一種の中腸腺内にすむ共生藻の透過型電子顕微鏡像．共生藻内には，葉緑体 (C)，ミトコンドリア (M)，核 (N) などが観察される (Marin *et al.*, 1991より)．(B) 嚢舌目モウミウシ類の中腸腺細胞と，その中に取り込まれている葉緑体 (P) の透過型電子顕微鏡像 (Clark *et al.*, 1981より)

によって生産した有機物や酸素をいただけるので、動物側には大きなメリットがある。しかし、葉緑体は生物ではない。取り込まれた後、光合成に必要な二酸化炭素その他の物質は、嚢舌類から供給されるのであるが、葉緑体がそれらを必要とするのは新しい主人のため、まさに動物のためであって（葉緑体に生きたいという「意志」があれば別だが）、いいかえれば、葉緑体は、嚢舌類から材料を与えられてせっせと有機物をつくらされているにほかならない。嚢舌類と葉緑体の関係も、かつては共生とよばれていたこともあったが、いまは、盗刺胞（英語でクレプト・ナイダ）からの借用で、クレプト・プラスティー、あえて訳せば、盗葉緑体とよばれるようになった。

嚢舌類の餌の食べ方を思い出してほしい。彼らは、ナイフの刃のような歯舌で海藻の細胞壁に穴を開け、細胞内の海藻液を吸い出して食べる。その際には、葉緑体などの細胞内小器官も当然そのまま中腸腺に送られる。多くは消化吸収されてしまうのだが、葉緑体は構造を壊されることなく、中腸腺細胞に取り込まれることになる。後鰓類には、アメフラシ類のようなベジタリアンもいるが、海藻をちぎりとって食べ、ギザードの中でこなごなにする彼らには、葉緑体だけ無傷で取り込むというのは至難の業であろう。共生藻の取り込みは、いろいろな動物群で知られているが、いまのところ、動物界広しといえども、盗葉緑体は嚢舌類のみのお家芸である。

お家芸といっても、すべての嚢舌類が、盗葉緑体の能力をもつわけではない。なかには、中腸腺の細胞に取り込まれる前に、葉緑体を消化してしまって、まったく取り込まない種もいる。また、取り込んでも数時間から一日ぐらいしか保持せず、光合成産物が嚢舌類に贈られることがない、つまり、単なる取り込みで終わってしまう場合もある。葉緑体がより長期間保持され、実際に嚢舌類の体内で光合成を行う場合でも、保持される期間は、ごく短いものから数週間と長いものまでさまざまである。一週間をこえる長い葉緑体保持を行うものの多くは、ゴクラクミドリガイの仲間だが、何種かのモウミウシ類も、それができる。

葉緑体に光合成をしてもらうのは自分のためではあるが、もともと海藻の細胞内にあった「赤の他人」の細胞内小器官を「飼う」わけであるから、それなりに大きなエネルギーが必要である。はたして、葉緑体を「飼う」メリットが本当にあるのか？　餌海藻が豊富にあれば、そして楽に食べられれば、葉緑体を「飼う」のにエネルギーを使うより、どんどん餌から栄養分を取り込んだほうが有利ではないか。しかし、餌の中には、イワヅタ類のように堅い壁をもち、そうやすやすと食べられそうにないものもいる。海藻には、食べられにくくする、いろいろな物質が含まれている。餌の種類によっては、多少エネルギーを葉緑体飼育にまわしても、もとが取れるということになるのだろう。

一方、多くがイワヅタ類を食べるにもかかわらず、貝殻をもった嚢舌類には、葉緑体の長期保有者がいない。それがなぜなのかは、まだよくわかっていないのだが、とにかく、彼らは、葉緑体から光合成産物をもらえないにもかかわらず、葉緑体を取り込み、しばらくは細胞内に保持する。葉緑体は、光合成を行う小器官であると同時に、緑色の色素体である。貝殻をもっているとはいっても、軟体部のほとんどはむき出しである。海藻の上にくらす彼らにとって、取り込んだ葉緑体は、嚢舌類の体にカモフラージュ効果を発揮し、身を守る一種の防御物質として働くことになるだろう。貝殻もち嚢舌類たちの、いっけん無駄に見える葉緑体取り込みも、それなりに意味がありそうである。さらに、この短期間保持が、その後の裸の嚢舌類グループの、より高度な葉緑体利用への糸口となったことは間違いないだろう。

ゴクラクミドリガイが、スペースシャトルの格納庫を思わせる側足を気持よさそうに開いている。ムカデミノウミウシが体の後方までずらりと並んだ背側突起をいっぱい拡げてじっとしている。どちらも、体内の無数の「太陽電池」たちに日の光を存分に浴びさせている、海の中の平和な日光浴風景である。

後鰓類の防衛戦略

定番ストーリー

世の中には、ひとつの説明がなされると、それがすべてと考えられてしまうような定番ストーリーというものがある。たとえば、「きれいな薔薇には刺がある」。これが、人間にたとえられれば、美人は誰でも辛辣な物言いをして人を傷つけるから気をつけよう、ということになってしまいかねない。美人にも「刺」なんか、これっぽちももたない優しい人もいれば、そうでない人でも、こわい性格の人だっているだろう。よく、吟味されないでイメージだけで使うと大変な誤解を生むことになる。

さて、ウミウシの定番ストーリーには、どんなものがあるか？　「ウミウシは貝殻がない代わりに、毒をもっているんだ」「ウミウシは美しい姿をして目立つけど、強い毒をもっているんだ。きれいな薔薇には刺があるってやつさ」。

ウミウシの生態が話題になると、決まってこんな話が聞かれる。図鑑などの解説欄にも、同じようなことが書かれている。さらに、「毒をもっているから、ウミウシには怖いものなんかないんだ」、「ウミウシを食べる魚なんかいないんだ」、「体は小さくてもウミウシは、食物連鎖の頂点にいるんだ」。

このような定番ストーリーは、どのくらい本当なのだろうか？　誤解や誇張があるとすれば、どのくらい実際からずれているのだろう。

ウミウシは誰もが美しくて目立つか？

美しいとか醜いとかいう美的感覚は、人それぞれの感性によるきわめて主観的なものである。たとえば、原色のコントラストを誇るリュウグウウミウシやイロウミウシ類を見て美しいと感じる人は多いだろう。しかし、なかには、どぎつい、グロテスクだと感じる人もいるかもしれない。ウミウシが美しいか醜いか、われわれヒトの感じ方の違いを論じても、ウミウシのくらしは見えてこない。

では、目立つかどうかだが、この問題は、ウミウシの色かたちだけから論じてはならず、彼らの行動や生態も含めて冷静に考える必要がある。磯採集で、いわゆる「目立つ」ウミウシを見つけた。まわりの岩の色模様とまったく違う色や模様のパターンをもっている。なるほど、ウミウシは目立つ！　と思われるかもしれない。見つけようとも思わなかったのに、ウミウシの方から視野に飛び込んでくることもある。それが、真っ赤なイソウミウシだったりすると、その印象は強烈だ。しかし、ただ、漠然と下を向いて磯を歩いているだけでは、見つけられるウミウシの種数は知れている。すこし経験を積んでくると、ウミウシ探しにも特別な業が必要だと気づくようになるだろう。

転石をもち上げると、その裏側にクロシタナシウミウシやメリベウミウシ、ツヅレウミウシが隠れていたり、ウミウチワなどの海藻の葉状部をめくるとヨツスジミノウミウシが隠れていたりする。アメフラシ類も海藻のつけ根にうずくまっていたり、岩棚のひさしの下に入っていたりする。彼らは潮が引いたときに、乾燥から身を守っているだけではない。スキューバダイビングをしても、よくウミウシのことを知っているガイドもなしで、ただ泳ぎながらあたりを眺めていても、多くの種類に出会うことはできないだろう。

また、図鑑などの写真では、種の特徴をわかりやすく示すために、あえてウミウシが目立つような背景に置かれて撮影されたものも多い。先に述べた真っ赤なイソウミウシは、その本来のすみ家である餌の赤いカイメンの上にいると、背景によく溶け込んで、まったく目立たない。ヤマトウミウシやサンシキウミウシなどの背中の色や形状も、這っている岩の色や質に、そして餌のカイメンにもよく似ている。ミノウミウシ類にも、餌の刺胞動物のポリプの色やかたちにそっくりの形状をしたものがいる。緑藻のミルの上にいる嚢舌類のミドリアマモウミウシは、ミルとほとんど同じ緑色をしていて、よく眼を凝らさなければ見えない。このように本来のすみ家にいれば、目立つどころか、背景にカモフラージュしていて探し出すのが一苦労という後鰓類は、いくらでもいるのである（口絵―擬態）。

海の表面を漂うアオミノウミウシは、濃い青の腹と銀色の背中をもっている。図鑑などで見ると目立ちそうだが、この色彩パターンは、カウンターシェーディングとよばれる巧妙なカモフラージュ効果を発揮する。このミノウミウシは、仰向けになって海面に浮かんでいる。上から見ると、青い腹側が見えることになるが、この濃い青は海の水の色に溶け込み見えにくい。一方、下からみたときの背側の輝くような銀色は、海面を通して差し込んでくるギラギラした太陽の光の中に溶け込んで、やはり見えにくい。同様のカウンターシェーディングによるカモフラージュは、魚でも知られている。背側を上にして泳ぐふつうの魚では、背が青、腹が白になっている。こうすることで、鳥のような上からの捕食者にも、魚のような下からの捕食者にも見つかりにくくなっている。

何で隠れるの?

どうやら、多くの後鰓類はふだんは物陰に隠れていたり、背景にカモフラージュしているようだ。定番ストーリーのひとつ、「毒をもっているから、ウミウシには怖いものなんかない」が本当なら、もっと堂々としていればいいではないか。堂々としていないとすると、やはり天敵がいるのだろうか。

そのとおり。ウミウシに天敵はいる。まず思い浮かぶのは魚だ。おいしくないと思われている後鰓類が魚に食べられていた、というちゃんとした報告がある。北の海にすむタラの仲間の胃袋からオオミノウミウシが丸ごと発見されているし、ほかにも、ウミフクロウが魚の胃袋から見つかっている。魚の胃袋から見つかったというのは、後鰓類が彼らに食べられることがあるという、動かぬ証拠である。

後鰓類は、まずい。しかし、どうやら、そのまずさも効かないほどの空腹の魚が、あるいは、まずさに強い魚が、海の中には、いるようである。ところが、ウミウシが食べられている場面に出会えるかもしれないと期待しながら潜っても、なかなかそのようなシーンに出会えない。そこで、私は実験をしてみることにした。このような実験はウミウシにとっては迷惑このうえないことだし、やりすぎると自然の生態を壊してしまうことにもなりかねないので、どうか真似はしないでほしい。

たとえば、海底の岩の上で日光浴中のムカデミノウミウシを指でつまんで水中に放り出す。すると、数種のベラ類やキタマクラなどの小魚がすぐに近寄ってくる。魚たちは、いつだってムカデミノウミウシを遠目に見ていると思うのだが、じっと岩の上にいる彼らにちょっかいを出すところは見たことがない。ところが、水中に放り出されたムカデミノウミウシには、視界数メートルぐらいの範囲にいる魚のどれかが必ず気づいて近寄ってくる。近寄ってきた彼らの行動は、二通りだ。正体見たりという顔をして、すぐに立ち去るものと、とにかく口をつけてみるものである。さらに、口をつけたものの一部は、一度ついばんでからすぐに吐き出し立ち去るが、なかには、海底に落ちていくウミウシを何度もついばもうとし、ウミウシの体をバラバラにしてしまうものもいる。そして、バラバラになった体の一部を口に入れてみる。さらに、その一部はのみ込まれてしまって、吐き出されることはなかった！

後鰓類の防衛戦略を考えるうえで重要な事実が、ここに示されている。ウミウシを認知した魚の多くが、知らんぷりはしてくれないということだ。多くの魚が、とりあえず口に入れてみる。すぐに吐き出されるにしても、多少のダメージは受けるだろう。なかには、何度もついばまれ、バラバラにされてしまったものもいた。どうやら、「魚はウミウシに見向きもしない」と、安直に思い込んではいけないようだ。ちょっと試してみて、いけそうなら食べる。これが、多くの魚たちの後鰓類への態度のようだ。そうなると、やはり、魚に気づかれないのがいちばん。見つからない方がいい。見つかりさえしなければ、他の防衛手段を使う必要もなく、断然、安全なのだ。

だからこそ、多くの後鰓類が物陰に隠れる、背景にカモフラージュする。そうして敵に見つかりにくくしているのである。どうだろう、これは意外なことだろうか。このように、敵との直接的接触をさけるために、まず行われる防衛を一次防衛とよぶ。

魚以外の敵

ある日、一階の実験室の水槽中で異変がおきた。採集してまもないイトマキヒトデが、いかにも何かを捕まえているかのように体をもち上げているのである。ヒトデ類は軟体動物が大好物だ。ヒトデを飼うときには餌としてイシダタミとかクボガイなどの小型の巻貝や二枚貝のアサリをいっしょに入れてやる。ヒトデは、その腕で貝をしっかりつかみ、胃を外側に反転させて包み込んで食べる。

でも、今回は違う。その水槽には、何種類かの後鰓類を入れてあったが、ヒトデの餌になりそうな貝類を入れた覚えはない。食えない後鰓類はいっしょに入れておいても大丈夫と、たかをくくっていたのが間違いだった。そのイトマキヒトデをもち上げて見ると、何と後鰓類を食べようとしているではないか！　犠牲者は、長さ七センチメートルたらずのアマクサウミウシであった。七センチメートルたらずとはいえ、イトマキヒトデにとっては、自分とほぼ同じ大きさだ。哀れアマクサウミウシの体の前半分は、少し消化されはじめていた。せっかくの防御物質もヒトデには効かないということか。

その後、論文で、アメフラシの仲間がヒトデに食べられていたという目撃証言や、サンゴを食べるジライヤウミウシは魚だけでなく、カニにも食べられるという報告を見つけた。これを実験で示した人は、天敵のいない水槽中では、そのミノウミウシがおびただしい数になってしまうのに、自然のサンゴ礁で非常に密度が低いのは、そこでは多くの個体が食べられているのが理由だと主張していた。サラサウミウシがサラサエビに食べられる映像も見たことがある。

知れば知るほど、後鰓類には敵が多いのである。思えば、海藻類や付着動物が築き上げた防御システムも完璧なものではなかった。後鰓類は、その防御システムを打ち破ったのだ。さらに、彼らの防御物質を取り込み、ほぼそのまま採用している。しかし、それでもやられた。生物の世界の王座獲得合戦は、そう簡単に終わらない。後鰓類もまた、つねに挑戦者と戦わねばならないようだ。

見つかってしまったら?

隠れていたのに、発見されてしまったらどうするか。ここからは後鰓類それぞれの知恵、武器をもって、より果敢に対処する積極的防衛である。生物が行うこの種の防衛を二次防衛とよぶ。後鰓類たちは、どのような方法で二次防衛をしているのだろう。

カイメンにカモフラージュして平和にくらしていたイソウミウシが、魚に見つかったとしよう。イソウミウシを食べようと魚が近寄ってくる。魚がイソウミウシの背中に口をつけた瞬間、第一段階の二次防衛が発動される。それは、背中の腺に蓄えてある酸や毒、摂餌阻害物質などの化学物質による反撃である。魚に刺激され、背中の腺細胞から、それらの化学物質が分泌される。「痛い!」「臭い!」あるいは「まずい!」と、魚が驚いている間に逃げる。ふつうは、これで十分かもしれない。しかし、運悪く、襲ってきた魚がこのぐらいの反撃では引き下がれないほど空腹だったら、さらに、口をつけて噛みつく。今度は、魚の口中にウミウシのもつ堅い骨片の不快な感触が伝わるだろう。さらに、噛みついた部分の組織から、どんどん化学物質が口の中に送られてくる。魚の食欲はかなり減じただろう。魚がひるんで、ぐずぐずしているうちに逃げる。

盗刺胞をもつミノウミウシ類の場合には、それを使った攻撃が加えられることになろう。魚が、ミノウミウシの体に口をつけてきた。ミノウミウシは、威嚇のためか、背側突起を逆立てる。その背側突起の先端には、餌刺胞動物から、取りためた刺胞がつまっている。背側突起に魚の口がふれると、刺胞が発射され、魚の口に刺さる。刺胞の刺糸の先端から毒液が打ち込まれる。「痛い!」、魚が、一瞬ひるんだすきに、その場から逃げる。

まず、化学物質や刺胞による反撃、そして、敵がひるんでいるすきに逃げる。どうやら、これが、後鰓類の二次防衛戦略の基本プランのようである。最後は、やっぱり逃げるが勝ち! 逃げるといったって、ゆったりと海底や海藻の上を這う後鰓類の逃走である。スピードは何とも頼りないが、捕食者がむきにでもならない限り、わざわざ痛い目にあわせた「まずい」生き物を追ってくることもないだろう。それに、いざというときは泳ぐ。ユビウミウシ、メリベウミウシ、ミカドウミウシ、マダラウミフクロウ、ウミコチョウ類、アメフラシの仲間など、遊泳能力のある後鰓類がかなりいる。長くは泳げないが、瞬発的な水中への泳ぎ出しは、魚を驚かせ、あるいはヒトデのような敵には、かなりの効果を発揮するに違いない。

もう一工夫

最初の反撃と、最終的な逃走の間に、種によっては、さらに工夫を加えているものがある。たとえば、ミノウミウシ類の中には、オートトミー(自切)をするものがある(図13)。最初の反撃で不十分な場合、さらに口を近づけてきた魚が背側突起の何本かをくわえたところで、それらの背側突起を基部から切り離して逃げる。尻尾《しっぽ》を踏まれたトカゲなどが、尻尾を切って逃げ、体の大部分を守るのと同様である。いかに食欲旺盛な魚も、今度は多量の刺胞毒にしばらく悩まされることになるので、次の行動に出るまでに、ちょっと時間がかかるだろう。その間に逃げられれば、体は傷ついたものの一命は取り止められる。

図13　イロミノウミウシの背側突起の自切．切り離されてから１時間以上も動いている

背側突起の自切は、中型以上のミノウミウシで、かなりふつうに見られる。ガーベラミノウミウシやヤマトワグシウミウシなど、観察中にピンセットでちょっと背側突起をつまんだだけでも自切する。自切によって本体から離れた背側突起は、シャーレの中で一時間以上たっても動き続ける不気味さがある。魚の口や胃の中でも同じように動くとすると、かなりの防御効果が期待できそうである。

自切は、同じく裸鰓目のツヅレウミウシの仲間や背楯目のチギレフシエラガイにも知られている。熱帯にすむツヅレウミウシの仲間は、背中の周囲にある外套の縁を切り落として捕食者から逃げるという。また、チギレフシエラガイは、激しい攻撃を受けると、背中の模様に沿っていくつかの部分を自ら切り落としていく。その名のとおりバラバラにちぎれる。これら体から切り離された断片は、水中でしばらく動いている。魚がそれに気をとられているうちに逃げる、そういう手はずである。

自切以外で、後鰓類が使うもう一工夫は、目くらましである。そう、あのアメフラシ類の紫汁もこれに入る。化学物質とともに、敵の眼の前にいっきに出される。一瞬、眼の前が見えなくなって捕食者が身動きとれないでいる間に逃げる。紫汁は、しばらくの間ゆっくり水中に拡散していくだろうから、目くらましの効果は十分、アメフラシたちのゆっくりした歩みでも捕食者の前から姿を消すことができるだろう。

もうひとつ、一種の目くらまし効果をもつと思われるものに、発光がある。ヒカリウミウシ、ベッコウヒカリウミウシ、エダウミウシ、ハナデンシャなどの体が発光する。ヒカリウミウシ類は、花びら状の外鰓の後方の一対の発光瘤《はっこうりゅう》とよばれる発光器官その他が、エダウミウシやハナデンシャでは、背中の樹状突起の先端が光る。彼らは、触れられないと光らない。発光の仕組みは、まだ、よくわかっていないが、刺激を受けると不連続な強い光を発するので、ちょっかいを出した捕食者をかなり驚かす効果があるのだろう。発光物質が海水中に拡散する例では、それは嫌な味の化学物質を兼ねているのではないかと想像しているが、本当のところはわからない。

目立つか否か

隠れる一次防衛の基本、繰り出す二次防衛の数々。ダイビング中に、いろいろなウミウシに出会った経験をおもちの読者、一章を読みながら、後鰓類紹介の口絵写真を何度もご覧になった読者が、これだけの話で納得されるとは思えない。

「カモフラージュしているウミウシが多いことはわかった。だけど、シラナミイロウミウシやキイロイボウミウシ、どう見たって目立つとしか思えないものもいるじゃないか」、そう感じている人が、きっといるに違いない。この問題を考えてみよう。

まず、魚のように、自らの繁殖行動のために目立つ色や模様が進化しているかもしれないと考えるもの。しかし、後鰓類の視覚はあまり発達しておらず、そのような可能性は、まず考えられない。次に、「戦わずして勝つ」という一次防衛の方法には、物陰に隠れる、カモフラージュすることのまったく正反対で、目立つことによって相手に警告を与えるというのもあるのじゃないか、それではないか、と考えるもの。多くの人は、こちらを考えていると思う。昆虫などでよく知られている警告色というやつである。毒や嫌な味を武器に、「私は、毒をもってるよ、まずいぞ、やめとけよ」と、独特の色や模様を見せつける。何度か試して痛い目にあった鳥などの捕食者は、その独特の色模様パターンと苦い試食経験との関係を学習し、その色模様をもつものを敬遠するようになる。

しかし、私は、この警告色の判断に大変、慎重である。理由は、先にも書いたとおり、実際の生息場所での大多数の後鰓類の姿は、それほど目立たないと思われるからである。目立たないというより、彼らの多くは隠れている。さらに、海底世界での実際の色の見え方も考えてみる必要がある。美しいウミウシの写真も、美しく撮ろうと思えば強力なストロボを発光させなければ無理である。ストロボなしの写真では、まるで色があせてしまう。それくらい、海底というのは、カラー写真を撮るのに十分な量の光りが届かない。すこし深くなれば、それこそモノトーンにさえ近くなる。あざやかな赤でさえ、深い海底では黒だ。ということは、地上のようには色が見えない。海中を泳ぐ魚の眼に、後鰓類たちがどのように映っているのか、実際のところはわからない。

そして何よりも、一次防衛の基本は、やはり見つからないことの方に、はるかに軍配があがるはずである。捕食者に見つからなければ、食べられる可能性はゼロ。しかし、見つかれば、ほんのわずかでも食べられる可能性が発生する。

私は慎重すぎるのだろうか。しかし、この慎重な私にも、「ウミウシにも警告色があるかもしれない」「ウミウシに警告色が進化する素地はあるな」と思わせる例がある。

擬態《ぎたい》の種類

警告色に懐疑的な私が、目立つことによる一次防衛をしている後鰓類がいるかもしれないと思うのは、ウミウシの種間に目立つ擬態と思えるような例が存在しているからである。このように書くと、「目立つ擬態」とは何だ、擬態は何かにまぎれてわからなくなることではないか、といぶかしく思う人がいるかもしれない。

確かに、擬態は、生物が何かに似ることを表わす言葉である。擬態の結果、多くの生物は目立たなくなる。しかし、この種の擬態は、隠蔽《いんぺい》的擬態（ミメシス）とよばれるものである。枯れ葉や枯れ枝に驚くほどよく似た昆虫がいる。隠れ家の海藻であるホンダワラの一部のようなかたちをしたタツノオトシゴの仲間がいる。隠蔽的擬態は、すなわちカモフラージュである。

それでは、私のいう「目立つ擬態」とは何かというと、似せる相手が「目立つ生き物」である場合なのである。枯れ葉や枯れ枝、ホンダワラのようなものではなく、目立つ生き物に擬態するのである。つまり、例の警告色とあいまって進化したと考えられる標識的擬態（ミミクリー）である。これには、ベーツ型擬態とミューラー型擬態が区別される。

ベーツ型擬態

ベーツ型擬態は、警告色として働く目立つかたちや色模様をもち、毒やまずさももった目立つ種に、毒もまずさもない種が似ることで、昆虫などに多くの例が知られている。毒をもっていて、まねされる方をモデル（被擬態者）、毒をもたず、まねする方をミミック（擬態者）とよぶ。この場合、利益を受けるのはミミックの方だけで、ミミックは毒をつくらなくても、モデルの存在のおかげで警告色による一次防衛をすることができる。

昆虫の天敵として重要な鳥類は、きわめてよい眼をもっていて、かつ、高い学習能力があるので、警告色の効果は高い。毒をもったモデル自身が食べられなくなると同時に、ミミックの方にもその効果が波及する。まねしいは、何ともうまいことをやっている。誰もがミミックになりたいに違いない。自分で毒をつくるコストもいらない。しかし、ミミックには、ひとつの制限がある。それは、ミミックになれるものの数である。毒をもっていないものが毒をもっているものよりずっと多くなったりすれば、捕食者が毒をもっていないものを食べる機会の方がずっと多くなる。たまに痛い目にあうだけでは、警告色は十分に学習されない。結局、目立つためにかえって、どんどん食べられることになってしまう。このように、ベーツ型擬態の場合、ひとつのモデルがもてるミミックの数は制限されることになる。

後鰓類はまずい。多くのウミウシは、ベーツ型擬態のモデルになる資格が十分ありそうだ。しかし、後鰓類が関係するベーツ型擬態というものは、ほとんど知られていない。私が知っているのは、コザクラミノウミウシの近縁種に似るヨコエビが存在するという論文ぐらいである。多かれ少なかれ防御物質をもち、皆がまずい後鰓類。後鰓類同士が似てもベーツ型擬態とよべないから、この類に、その例が少ないのは無理もない。

ミューラー型擬態

一方、後鰓類にぴったりあてはまる目立つ擬態がある。毒をもった、まずい生物同士がお互いに似るもので、どちらもがモデルであり、ミミックである。このような擬態をミューラー型の擬態とよぶ。どちらもまずいのだから似る必要などないように思われるかもしれない。しかし、まずいもの同士が似ることによって、捕食者の学習効果が強化されるという利点がある。異なる種がお互い似ることで、ひとつの特徴的なかたちや色模様をもったものの集団内での割合が増える。当然、捕食者が、そのかたち、色模様に遭遇する機会が増えることになる。食べようとすると、どちらの種もまずい、どの個体もまずい。そのたびに、まずさと、かたち、色模様の関係を思い知らされることになる。

このように、ミューラー型擬態では、集団内に同じかたちや色模様をもつものが増えれば増えるほど、学習効果を高められるのであるから、似るものの数が制限されることなく、擬態がどんどん多数種の間に拡がっていく可能性がある。後鰓類は、みなまずい。さらに、これはけっこうキーポイントになるのだが、後鰓類のもつ防御物質には、実際に防御に使用されるだろうと予想される量では、捕食者を死にいたらしめるほど強い毒性のものがない。これは、擬態が進化するのに好都合である。試みたものがすべて死んでしまっては十分な学習効果は期待できないからである。

たとえば、イロウミウシ科のキカモヨウウミウシとイボウミウシ科のハイイロイボウミウシは沖縄周辺海域に生息し、とてもよく似ている。背面の鰓の有無に注意すれば、すぐに見わけがつくのだが、色模様パターンに気をとられると一瞬迷ってしまう。イロウミウシ類やイボウミウシ類からは、さまざまな防御物質が知られている。イロウミウシ類の体表には、防御物質をたっぷり蓄えた特別な分泌腺がある。そして、これらのウミウシには、いわゆる目立つ種が多い。これまでに警告色の可能性が指摘されているものの大多数が、これらのグループの種である。

イロウミウシ類の中だけを見ても、それほど近縁でもないのに似ているものが、けっこういる。フジイロウミウシとシモダイロウミウシ、リュウモンイロウミウシとクロスジウミウシ、ウスイロウミウシとシロウミウシなど、いずれも互いに属が違うのに、同属の他種をしのぐ、そっくりさんぶりである。

地中海からは、青い地色にオレンジや黄色、白色などの模様をもつイロウミウシ種群がミューラー型擬態の例として知られている。オーストラリアでは、白地に赤色の斑点をもつ種群、白地にオレンジ色の斑点をもち体の周縁でそれらが縁どりのように点々とつらなる種群など、いくつかのイロウミウシ種群がある。赤斑型の大多数は、ニューサウスウェールズ州（州都シドニー）に分布し、オレンジ斑型は、それより南のビクトリア州（州都メルボルン）やタスマニア島で優占する。おもしろいことに、種内変異が知られるクロモドーリス・タスマニエンシスでは、ニューサウスウェールズでは赤斑型が、ビクトリアやタスマニアではオレンジ斑型が見られるという。

警告色の進化するとき

昆虫の場合と異なり、後鰓類で警告色効果が実験的に証明された研究例は、残念ながらひとつもない。しかし、警告色をもつウミウシもいると、私も思っている。そして、ミューラー型擬態が、そのような目立つウミウシたちが増えていく原動力のひとつと考えられる。ただ、ウミウシのどれもが目立っているというようには、決して考えていない。ウミウシの大多数は隠れている。そして、あるものたちだけが目立つ方向へ大きく動き出した。

岩の割れ目、海藻の裏、転石の下の空間など、隠れ場所に使える空間には限度がある。「見つからなければいい」は、後鰓類だけでなく、すべての生物の防衛に共通するだろうから、隠れ場所がありあっているとは思えない。また、物陰に隠れていれば安心かもしれないが、そこに餌があるとは限らない。餌を食べるためには、敵のいる危険な場所に出ていかなければならないという場合もあろう。餌にカモフラージュしていても、餌を食いつくせば、カモフラージュの防衛なしに次の餌を探しに行かねばならない。いろいろな餌を食べようとすれば、忍法百面相でも編み出さない限り、どの餌の上でもカモフラージュとはいかなくなる。すべての種にとって、隠れる、カモフラージュするのがいいとは限らないだろうと思えてくる。

たとえば、アオウミウシはカイメンを食べるが、彼らが食べるカイメンの種類は、あまり大きな塊にならず、あちこちに散在している。頻繁に餌の間を移動しなければならない。餌にカモフラージュしても、その効果が期待できる時間は短い。餌へのカモフラージュは、餌を離れたときに彼らを目立たせることにもなろう。捕食者に見つからないことを祈りつつ、餌にカモフラージュして、恐る恐る岩の上を歩くより、「えーい、俺は強いんだ！」と、堂々と餌を食べ歩いた方が、餌をたくさん食べられ速く成長して、かつ、多くの子どもを生めるということになる。それぞれの後鰓類は、それなりに生息場所や餌を選んでくらしている。隠れる、目立つ、この相反する防衛戦略は、それぞれの種のくらし方と密接に関係して進化してきたと思われる。

ライフ・ファインズ・ア・ウェイ！

後鰓類の多くは、海藻や付着動物のもつ防御物質による攻撃に打ち勝つことで、競争者の少ない豊富な餌を手に入れた。さらに、とことん餌を利用して、餌から自らを防御するための武器をも手に入れた。さらに、防御効果を高めるために、「目立つ」擬態をするものまで現われた。食べること、身を守ることは、生存の基本である。どちらかでもうまくいかなくなったら、その生物は滅んでしまう。

後鰓類たちは、生きる術に長けているように見える。しかし、餌の海藻や付着動物だって、一生懸命生きよう生きようとしているのである。つねに、新しい方法を開発し、あらゆる手をつくして後鰓類に対抗しようとしているに違いない。一方、後鰓類のすばらしい防衛戦略の数々も完璧ではない。つねに、それを打ち破ろうとする捕食者の挑戦にさらされている。

「進化の歴史とは、生物が障壁を乗りこえ、新しい世界へ進出しようとする行為の繰り返しにほかならない。生物は必ずその障壁を打ち破る。そして、新しい世界へ進出していく。それはつらい過程だろう。危険すらともなう過程だろう。だが、生物は必ず道を見つけ出す」実験室内で、つくりあげられた雌の恐竜たちを前に、マルコム博士がいった。（映画「ジュラシック・パーク」より）やっぱり！　雌の恐竜しかいないはずだったジュラシック・パークの中で、恐竜の卵殻が見つかった。ライフ・ファインズ・ア・ウェイ！――生物は道を見つけ出す！

後鰓類の歩んできた道も、そして歩んでいく道も、さらに、後鰓類に挑んでいるものたちの歩むべき道も、こうして新しい世界への道を見つけ出すための、たゆみない試みの繰り返しに違いない。

3章
ウミウシの一生

誕生から幼年期

一生のはじまり

ウミウシの一生を描く。さて、どこからはじめよう。人間の一生ならば、たいていオギャーと呱呱《ここ》の声をあげるシーンからはじめるところか。外界に出る瞬間という意味で、ウミウシの一生に、これと同じときを求めるとすれば、卵が親の体から生み出されるときということになる。人間では、卵は受精後、約十カ月、親の体内で保育され、ヒトとわかる姿になってはじめて呱呱の声をあげる。一方、ウミウシは、ほんの数種に保育習性が知られているが、ふつうは親は保育などしないで、さっさと子どもを外の世界に送り出す。したがってウミウシでは、その多様なかたちに関係なく、親の体から生み出された瞬間の姿は、ほとんど皆同じ、ただの球、つまり、受精してまもない卵である。

実は、本当の意味での一生のスタートは、ヒトでもウミウシでも卵と精子が合体する受精の瞬間にある。人の運命を読むにも、受精の瞬間まで遡らないと正確な占いにはならないと主張する熱心な占星術ファンもいるほどだ。それはさておき、ヒトもウミウシも、受精は体内でおきるので、残念ながらその瞬間を見ることはできない。そして、受精後、外界に生み出される瞬間まで、親の体内で何がどう行われるかも直接見ることはできないのである。解剖学的、組織学的研究から推測された過程は、次のようなものである。

受精は、交接で他個体から受け取った精子を保管している袋、受精嚢の近くでおきる。十分成熟し受精の準備が整った卵が、卵精巣から管の中を運ばれてくると、受精嚢から管の中へ精子が出され、めでたく合体となる。こうして受精した卵は、さらに管の中を出口方向へと運ばれ、雌性腺の中へと入っていく。ここでは、産卵のための準備が行われる。雌性腺は、いわば卵の化粧係で、まず、卵白を塗り付け、次にその外側を膜で包み、最後にいくつかをまとめてひとつのゼリー質の袋の中に詰めて準備完了。出口から、卵の入ったそのゼリー質の袋が出されると、これが産卵、ウミウシ誕生の瞬間である。

こうして体外に生み出されたゼリー質の袋は、卵塊とよばれる。ウミウシ誕生といっても、産卵直後は、まだ受精してまもない卵、ウミウシの一生は、その卵塊の中で音もなく密かにはじまる。

ウミウシの卵塊

浮遊性の後鰓類では、卵塊は水中に生み出され、そのまま海洋を漂うことになるが、海底にすむ後鰓類は、その袋を生息場所の上か、その近くに生みつける（口絵—誕生）。卵塊の形状は、種ごとに決まっていて、大きくわけると、紐状、リボン状、単純な袋状のいずれかに分類できる。たとえば、おなじみのアメフラシの卵塊は紐状であるが、その紐は、ぐるぐるに絡められて海藻の基部などに生みつけられる。春、水がぬるむ頃になると見られるアメフラシの卵塊は、いっけん、ラーメンのそば玉のようだ。アメフラシ類は、とくに同種他個体の生んだ卵塊の上に自分の卵塊を生むことが知られている。そういえば、卵塊の「そば玉」の色が微妙に違うものが絡まっているのに気づくことがある。

囊舌類やミノウミウシ類の多くも、紐状の卵塊を生む。囊舌類は、海藻の枝や葉状部に、ミノウミウシ類は、ヒドロ虫類やサンゴの上に生みつける。平たい所に生みつけられたものは、蚊取線香のような渦巻き状だが、ヒドロ虫類の枝状部などでは、そのまわりに螺旋階段のように生みつけられる。

ドーリス類、背楯類の多くは、リボン状の卵塊を生む。餌のカイメン、コケムシや岩そのものの上に、リボンを貼りつけるようにして、渦巻き状に生みつける。渦巻きの巻数の少ないものでは、やっと一巻、輪になるかならないかのような卵塊もある。また、卵塊リボンには太いもの、薄いものがあり、薄いリボン状の卵塊は、ものに付着していない方の端が波打ったようになることが多い。

砂地にすむ頭楯類は、長い柄のついた袋状の卵塊を生む。長い柄のおかげで、卵の詰まった袋部分は、ちゃんと砂の上に出るように工夫されている。小型のミノウミウシ類や、スギノハウミウシ類の中にも袋状の卵塊を生むものがかなりいる。袋の形は、単純な卵型のものから、やや扁平な卵型、そら豆のような形状のものなどさまざま、また、柄のような部分があるものも、ないものもある。

このように、形状はさまざまな卵塊だが、基本的なつくり、働きは同じである。ひとつずつ、あるいは、数個ずつ膜に包まれた卵を、さらにゼリー質の外被で保護している。ここまでしっかり保護しておけば、あとは大丈夫。生み出したばかりの「わが子」たちを置き去りに、親は餌を食べに、あるいは、新しい「お相手」を探しに、さっさとどこかへ行ってしまう。唯一、ムカデミノウミウシが産卵後しばらく卵塊のそばに留まり、卵を守るような行動をとることが知られているが、ほとんどの後鰓類の親は、子離れの達人である。

生まれたばかりの卵

後鰓類の親のほとんどが、さっさと子離れしてくれるおかげで、幸い（ウミウシの子どもたちにとってはどうだかわからないが）、受精後の比較的早い時期から、卵の発生を観察することができる。実は、後鰓類の卵は、受精してから、はじめて卵として一人前になる。どういうことかというと、親の卵精巣から十分熟して送り出されてきたはずの卵だが、まだ、精子核と卵核が合体するための準備が完全には整っていないのである。

後鰓類もわれわれヒト同様、二倍性生物、体の細胞はすべて卵由来の遺伝子セットと精子由来の遺伝子セットを一組もっている。このような生物では、繁殖のために、卵や精子が生殖巣でつくられるときには、減数分裂という特別な細胞分裂が行われる。二倍性の細胞から遺伝子を一セットしかもたない単数性の卵と精子をつくるための方法である。後鰓類の精子は卵精巣から出されるときに、すでに減数分裂を完了していて、すでに単数性になっているのだが、卵の方は、減数分裂の途中で一時停止した状態で卵精巣から出される。このときは、卵はまだ遺伝子セットを二セットもっていて、厳密には、まだ卵とはよべない状態にある。一時停止している減数分裂は、受精の刺激で再開され、その後、遺伝子セットを一セットだけもった完全な卵になる仕組みである。そのため、多くの場合、生み出された直後の卵は本当に受精しているのかと思うほど、しばらく何の変化も見せない。しかし、注意深く見ていると、二つの小さな球が卵から遊離してくるのがわかる。

減数分裂によって、そのもとになる精原細胞ひとつからつくられる精子は四つ。すべて大きさもかたちもそっくりの四つの精子になる。しかし、卵の方は、卵原細胞ひとつから、ひとつしかつくられない。残りの遺伝子セットは極体《きょくたい》として捨てられるのである。先に述べた二つの小さな球、それが極体である。なぜそんなもったいないことをと思われるかもしれないが、遺伝子を卵に渡すだけの精子と違って、卵は精子の遺伝子を受け取って二倍性の受精卵になった後、発生という大仕事をしなければならない。そのため、卵原細胞は小さな四つの卵をつくらず、ひとつの細胞に将来を託し、残りの遺伝子を極体として捨てるのである。

初期発生

極体が出終わると減数分裂が完了。いよいよ受精卵の中で卵の遺伝子と精子の遺伝子が合体し、新しい体をつくる発生がスタートする（図14）。まず、受精卵は、二つの細胞に分裂、つまり卵割《らんかつ》する。頭と胴が同じ大きさの雪ダルマのようなかたちである。しばらくすると、次の卵割がおき、二つの細胞それぞれが分裂し、四つ葉のクローバーのようなかたちになる。次は、四つから八つに増えるのだが、このときは、いままでよりちょっと複雑だ。まず、四つの細胞は、それぞれ大小二つの大きさの違う細胞にわかれる。また、大小それぞれの四細胞同士は、上下に重なるような配置になる。さらに、このとき、小さい四つの細胞の層は、大きい四つの細胞の層と約四五度ずれる。

この後の卵割は、四細胞から八細胞のときとほぼ同様に行われるが、分裂のたびに四五度ずれる方向が逆転する。たとえば、四細胞から八細胞のとき、右にずれたとすると、次には、左に、そしてその次には、右に、さらにその次は左というように、交互にずれる方向を変えながら、卵割を繰り返し、細胞がどんどん小さくなりながら、その数を増やしていく。このように、四五度交互にずれながら行われる卵割の様式は螺旋卵割《らせんらんかつ》とよばれるが、巻貝類はじめ、ほとんどの軟体動物、さらにヒラムシ類やゴカイ類など他の動物群のいくつかにも、この卵割様式をもつものがいる。何のために、このような複雑なことをするのかわからないが、巻貝では、最初のずれの方向が将来の貝殻の巻き方向を左右するというか

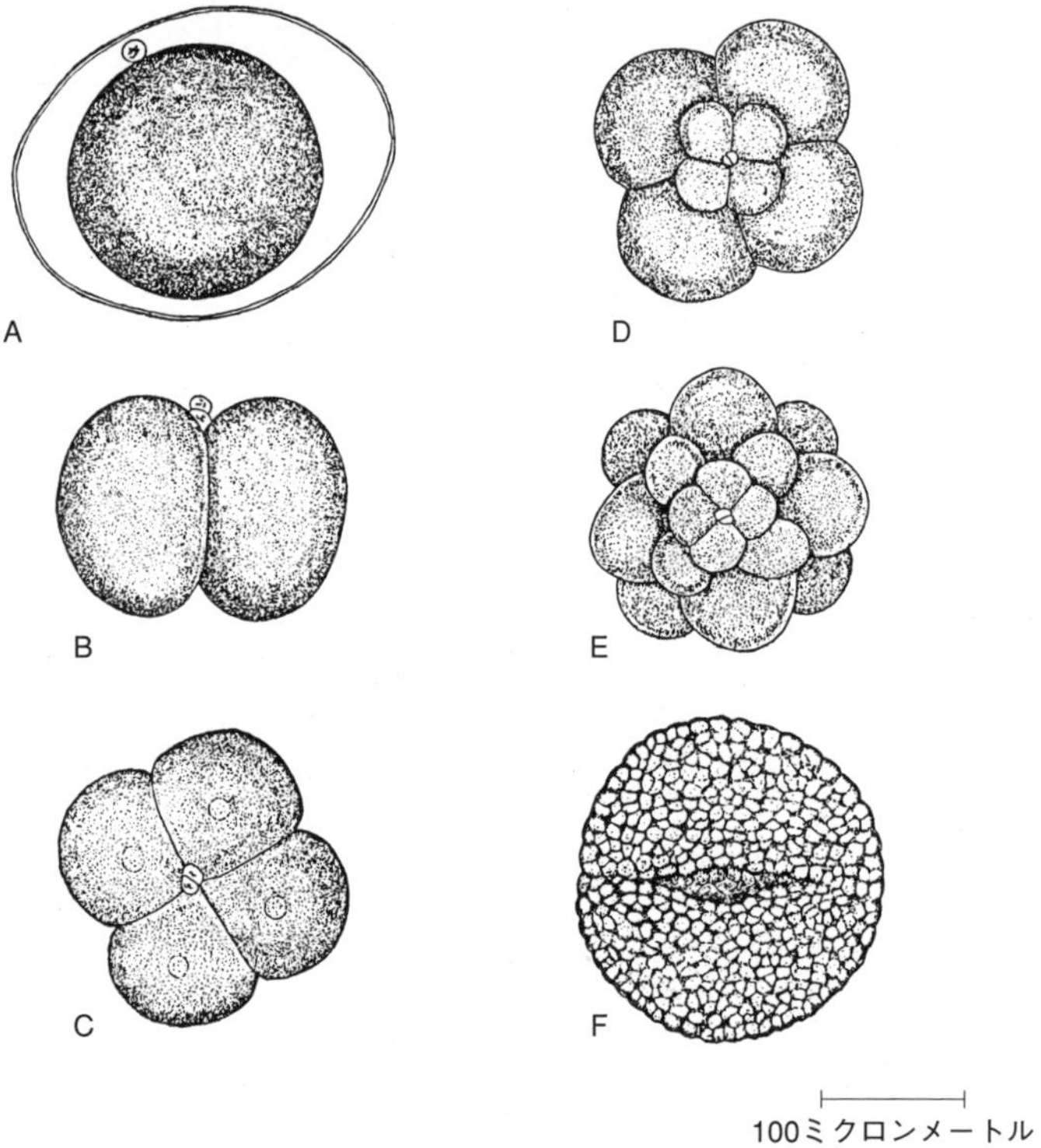

図14　ミノウミウシ類の一種クトナ・アドヤレンスの初期発生（Rao, 1961より改変）.（A）産卵後まもなく極体が出たところ,（B）2細胞期,（C）4細胞期,（D）8細胞期（螺旋卵割開始),（E）16細胞期,（F）嚢胚期

ら興味深い。ちなみに、後鰓類は最初に右四五度のずれを生じる。

さて、どんどん卵割が進んでくると、もはや、顕微鏡を使っても細胞の挙動を追うことがきわめて困難になってくる。細胞ひとつずつは、どんどん小さくなり、その境界が不明瞭になってくる。三二細胞期をすぎると、細胞の数は簡単には数えられなくなる。さらに発生が進むと細胞たちは数を増やしながら、それぞれの場所ごとに運命づけられた組織、器官形成の道を歩みはじめる。この頃の胚は「胞胚」、さらに発生が進んだものは「嚢胚」などとよばれる。ひとつひとつの細胞は、あまりに小さく顕微鏡でも見えず、外形にはっきりとした変化が認めにくくなってくる。観察も退屈なものになって、なかなか根気が続かない。しかし、このときこそ、おびただしい数になった細胞たちが、あちこちで組織を形成し、器官をつくり、初期発生の最後の仕上げをしているのである。

ときどき、顕微鏡をのぞくと、全体の形が何となく変わってきているな、と感じるようになる。やがて表面に無数の繊毛が動いているのが見えてくる。いったい、いつになったらウミウシの姿を拝めるのだろうと、もどかしく思いながら、またしばらく棚上げすることになる。そして、次に顕微鏡をのぞいた瞬間である。「えっ！　これがウミウシ?」。

ヴェリジャー幼生

初期発生の時間経過は、後鰓類の種によっても若干異なるが、飼育温度にも大きく影響を受ける。温度が高くなれば、発生はより速く進み、低いとゆっくりになる。さまざまな器官をつくりあげるため、細胞内で休まず行われている無数の化学反応、それらが、温度が高い方が速く進むからである。したがって、後鰓類がはじめて見せてくれる生き物らしい「かたち」に出会えるまでの時間は、種によっても飼育温度によっても異なるのだが、一〇～二〇℃ぐらいの飼育温度であれば、平均的な長さは、だいたい二日から一〇日ぐらいの間である。

産卵から、その間休まず、つくり続けたひとつの「かたち」。しかし、目の前のその「かたち」は、とてもウミウシには見えない。

ヒトの子は、生まれたときから、基本的には、親と同じかたちをしている。しかし、動物の中には、子ども時代に、親とは似ても似つかないかたちになるものがいろいろいる。たとえば、蝶や蛾は、最初に卵から出てきたときは翅などないイモムシだし、トンボの子のヤゴだって、教えられなければトンボの子とはとても思えない。このように、昆虫の多くは、子どものときに親と著しく違う「かたち」を経て親になる。実は、海産動物にも、親と著しく違う「かたち」の子ども時代をすごすものがたくさんいる。昆虫の場合、そのような子どもには、幼虫という呼び名が与えられているが、海産動物の場合は、幼生とよばれる。たとえば、ウニ類の子はエキノプルテウス幼生、ヒトデ類の子はビピンナリア幼生などとよばれる。また、カニ類はノウプリウス幼生、ゾエア幼生、メガロッパ幼生と、発育段階で明瞭に区別できるいくつかの子ども時代をもっている。そして、われらがウミウシにも幼生とよばれる時代がある。

「えっ！　これがウミウシ？」と思って見ている、その子どもが、その幼生（図15）。ヴェリジャー幼生、または被面子幼生《ひめんしようせい》とよばれる。何とも薄くて透明ではあるが、体の大きさに比して、りっぱな貝殻

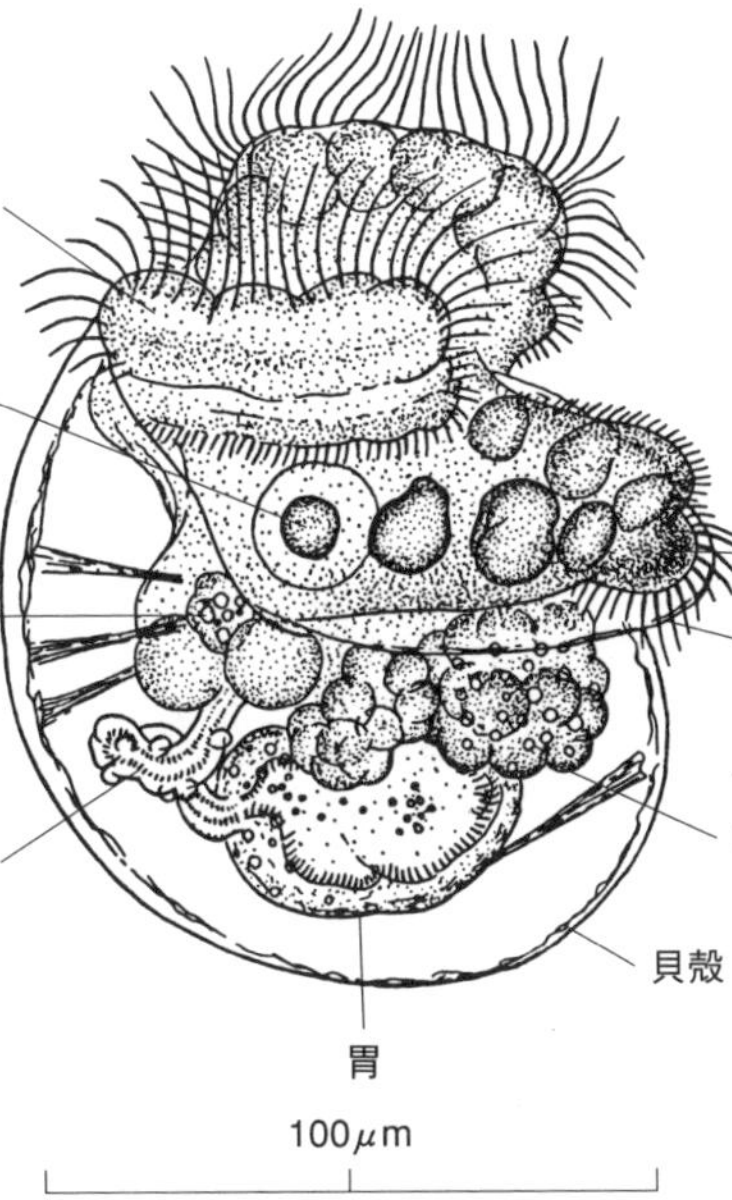

図15　ふ化したてのヒラミルミドリガイのヴェリジャー幼生．胃から続く腸が上にねじれ上がっている．（Hamatani, 1967より）

をもっているではないか。実に、このウミウシの最初の「かたち」は、巻貝の子とほとんど同じである。よく見ると、小さいながら巻貝特有の腹足がある。腹足の背面には、丸い蓋までちゃんとついている。なるほど、自分も巻貝の仲間なのだと主張しているようである。貝殻の中を注意深く見ると、消化管らしきものも見える。口からまっすぐ入って膨らんだ胃に続き、そこから出た腸はねじれ曲がって殻口の右の方の肛門で終わる。大小の不透明な塊は、中腸腺と腎臓である。腹足のつけ根あたりには、きらきらと光るものがある。これは平衡感覚器の中の平衡石である。

貝殻から伸び出した体の先には、左右

に拡がった扇状突出部がある。その部分の縁に沿って、よく発達した長い繊毛がびっしりと生えている。この繊毛の生えた突出部は面盤《めんばん》とよばれ、ヴェリジャー幼生の諸器官の中でもっとも目立つ器官である。この面盤、英語ではヴェーラム、幼生の名前の由来にもなった重要な器官である。ヴェリジャーとは、つまりヴェーラムをもったものという意味である。

卵塊の中のヴェリジャー幼生たちが、繊毛をしきりに動かし、くるくるとまわっている。膜の中の小さな空間では、もう狭い。何とも不自由そうに、ときどき止まっては、また動く。動きが止まっているときは、面盤の繊毛もほとんど動いていない。実は、この面盤はヴェリジャー幼生の運動器官なのである。運動といったって、膜に包まれていて、いったい何のための運動なんだと思われるだろう。確かにいまは、この運動は、さほど重要ではない。いうなれば、近い将来に備えて運動練習の最中なのである。

幼生の運命

いろいろな名のついた海産動物の幼生たち、何も伊達や粋狂で親と違うかたちをしているわけではない。わざわざ、それだけ違う「かたち」をつくりあげるには意味がある。「かたち」は、機能と密接に関係している。たとえば、蝶は翅で空を飛び、好みの花を見つけるとその上に降りて、吻を伸ばし蜜を吸う。しかし、翅も吻もない幼虫のイモムシには、そんな芸当はできない。地面を這って、好みの草を見つけると、その上に這い上がって葉や茎の軟らかいところをむしゃむしゃと食べる。それぞれ、「かたち」にあったくらし方をしているのである。

海産動物の幼生たちも、親と違う生活をしているために、違う「かたち」をもっている。実は、これらの幼生期をもつ動物の多くは、親になると泳がないで海底を這う、あるいは、何かに固着、付着するという底生生活を送る。成体は海底でくらす。それでは、形態の著しく違う幼生はというと、彼らは泳ぐ。また、それぞれ特有の浮きやすいかたちや仕掛けのおかげで浮遊しやすいようになっている。後鰓類のヴェリジャー幼生も、この例にもれず浮遊生活に適応した幼生である。そして、先に述べた運動器官の面盤こそが、ヴェリジャー幼生の遊泳器官なのである。

大多数の後鰓類は、ヴェリジャー幼生まで育ったところで、卵塊から旅立つ。ふ化である。面盤の繊毛を盛んに動かし、さらに活発に回転するようになってきたヴェリジャー幼生たちが、ひとつ、またひとつと卵塊から水中へ泳ぎ出てくる。いままでは、親が用意してくれた膜やゼリーの保護のもとで育ってきたウミウシの子どもたちにとっては、このふ化の瞬間が、本当の意味での外界へのデビューである。しかし、一部の後鰓類の子は、その後も卵塊内に留まり、さらに育って、はっきりウミウシとわかる「かたち」になってから、ふ化する。また、ヴェリジャー幼生でふ化するものには、成体の「かたち」へ変態する準備がほとんど整っていて、ふ化後ほどなくウミウシの「かたち」になれるものがいる一方

で、ふ化してからも、相当長い間、浮遊生活を送りながら、変態までに多くの準備をしなければならないものもいる。

ヴェリジャー幼生の運命は、ふつう、種ごとに、これら三つのタイプのいずれかに分類できる。ひとつ目のタイプ、つまり、ウミウシとわかる「かたち」になってふ化するものは、直接発生型とよばれ、裸鰓目のサメジマオトメウミウシやオカダウミウシ、頭楯目のクロヒメウミウシなどが、この型の発生をする。二つ目のタイプ、ヴェリジャー幼生でふ化するが比較的短期間で成体の「かたち」に変態するものは、卵栄養型とよばれる。このタイプの発生をするものには、裸鰓目のヨツスジミノウミウシ、スギノハウミウシ、背楯目のホウズキフシエラガイなどがいる。そして、三つ目のタイプの、ふ化後、長い間浮遊生活をしてはじめて変態の準備が整うものをプランクトン栄養型とよぶが、このタイプが、実は後鰓類発生様式の主流で、アメフラシ目のほとんど、裸鰓目、頭楯目その他、どの目でも大多数の種はこの発生様式をもっている。

このようなヴェリジャー幼生の運命は、まさに運命であって、ヴェリジャー幼生自身が決定できるものではない。それは、生み出された瞬間に、すでに決められているのである。では、何がヴェリジャーの運命を決めるか、それは、親である。いいかえれば、親がどのような状態の卵を生むか、それが、卵の発生の行方を、ひいてはヴェリジャー幼生の運命を決めることになる。

直接発生

後鰓類の卵には、さまざまな大きさのものが知られている。小さなものでは、嚢舌類の多くが生む直径四〇〜五〇ミクロンメートルの卵。大きい方は、カドリナウミウシの仲間やキセワタガイの仲間の卵の直径約四〇〇ミクロンで、最小と最大の大きさの間には、直径で一〇倍もの差がある。体積に換算すると、これは一〇〇〇倍の開きとなる。では、卵の大きさが違うと何が違うか。簡単にいえば、その中に含まれる栄養分、つまり卵黄の量が違う。

大きな卵には、たくさんの卵黄が含まれている。そのような卵から発生してきたヴェリジャー幼生は、まだ、卵黄のあまりをもっている。それを「食べながら」さらに成長することができる。卵が非常に大きく、卵黄のあまりが十分多い場合は、ヴェリジャー幼生は、卵塊の中で幼生期を終え、変態まで完了することができる（図16A）。二〇〇ミクロンをこえる直径の卵に、このような直接発生をするものが多い。こうして、ウミウシの「かたち」になってからふ化してくる子どもたちは、もう、幼生とはよべない。彼らは幼生ではなく、幼体とよばれる。成体に比べると、とても小さく、諸器官の発達もまだ不完全であるが、幼体の形態は基本的に成体のそれと同じである。もう、一人前のウミウシ。そのくらし方も成体と同じ。多くの後鰓類は海底を這って、それぞれの好物の餌を探して食べ歩く。幼体がどんどん餌を食べて大きくなって、やがて生殖器官を完成し、生殖巣に卵や精子をつくるようになれば成体である。

ところで、このように卵塊の中で、変態を終えてしまえるのに、なぜ、いったん遊泳器官をもったヴェリジャー幼生なんかになるんだ、浮遊などまったくしないのに無駄ではないか、と思われるだろう。そのとおりである。事実、直接発生をする種の中には、ヴェリジャー幼生という「かたち」づくりをすっかりやめてしまったものがいる。オカダウミウシや、大卵の代表にあげたカドリナウミウシの仲間もそうである。また、完全な「かたち」をつくらないで、適当に手抜きをする。貝殻が痕跡的だったり、面盤の繊毛が極端に短く、やっとそれとわかる程度にしか発達しない。やはり、直接発生の種にとっては、わざわざヴェリジャー幼生の諸器官をつくりあげることは無駄のようである。それでは、なぜ？これこそ、系統の制約。彼らが、浮遊ヴェリジャー幼生期をへて変態する種から、進化してきたことを物語っているのである。進化はゆっくりとした変化である。卵黄をたくさん卵に詰め込むように変化したからといって、急には何もかもは変えられない。ヴェリジャー幼生という「かたち」も進化の産物。その「かたち」づくりは、長い時間かかって確立された仕組みである。遺伝子の中にしっかりプログラムされている。

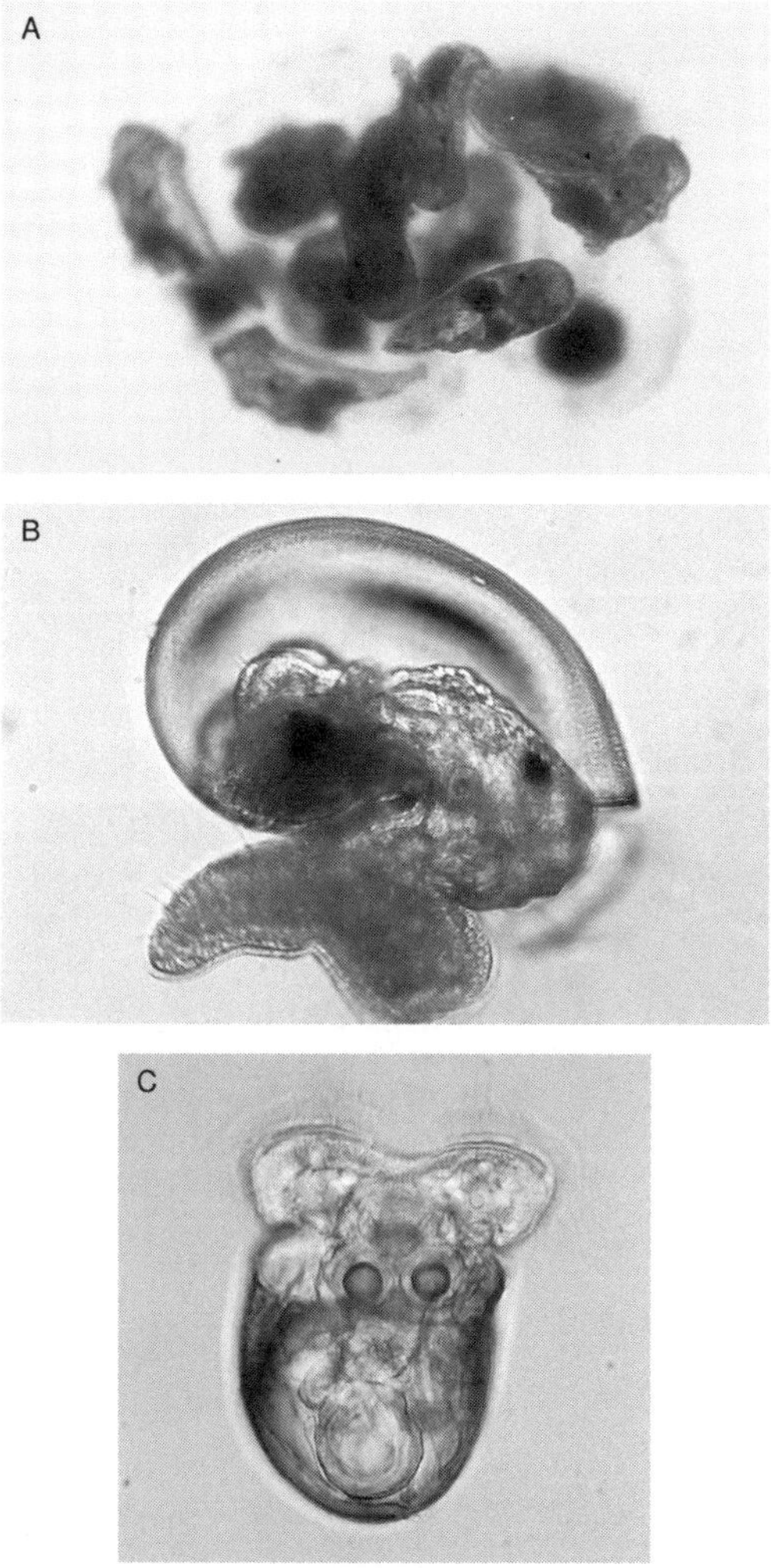

図16　(A) コマユミノウミウシ（大卵型）のふ化直前の幼体（直接発生型）．(B) ヨツスジミノウミウシのふ化後２日後のヴェリジャー幼生（卵栄養型）．(C) コザクラミノウミウシのふ化直後のヴェリジャー幼生（プランクトン栄養型）

卵栄養型発生とプランクトン栄養型発生

卵黄をすこし残しているヴェリジャー幼生は、すぐにも変態できるという状態になってから、浮遊幼生としてふ化する（図16B）。このようなヴェリジャー幼生には、ふ化までにりっぱな眼が完成している。腹足もよく発達し、底生生活への準備ができているのがわかる。このような形態でふ化したヴェリジャー幼生は、卵黄の残りを使って、しばらく浮遊生活をすることができる。卵の中の栄養分だけで変態直前までこぎつけられるという意味で、卵栄養型とよばれるのである。この型の発生様式を示す卵の多くは、だいたい一一〇〜二五〇ミクロンの直径である。卵栄養型のヴェリジャー幼生は泳ぐには泳ぐが、変態の準備はだいたい整っているので、変態に適した場所が見つかれば、ふ化後数時間から一日ぐらいの間に定着するものが多く、浮遊期間は長くない。飼育環境でのデータだが、長いものでも十数日である。基本的には、卵栄養型ヴェリジャー幼生は餌をとる必要がないが、餌を食べようと思えば食べられるものもいて、そのような種では、浮遊期間を延ばすことがあるという。

もっとも多くの後鰓類がもっている発生様式がプランクトン栄養型で、一〇〇ミクロンより小さな卵は、まず、この型の発生をする（図16C）。一七〇ミクロンでも、この範疇に入るものがあるらしいが、概して、小さく卵黄が少ない卵のたどる運命である。卵黄が少ないため、ヴェリジャー幼生になるまでに、親からもらった栄養分は、ほぼ使いはたしてしまっている。したがって、とにかく卵塊の中に居続けるわけにはいかない。早く自活し、変態の準備をするために餌を食べなければならないからである。小さなヴェリジャー幼生の口に合う餌といえば、小さな植物プランクトン、単細胞藻類である。こうして、ふ化後は海水中の植物プランクトンを食べて変態までこぎつけるため、彼らはプランクトン栄養型とよばれるのである。

浮遊期間の短い卵栄養型のヴェリジャー幼生に比べると、プランクトン栄養型の幼生は、ずっと長く浮遊する。彼らは、餌を食べて成長し、その間に変態の準備もするのであるから、卵栄養型のものより長く浮遊するのは当然である。短いものでも約一〇日の浮遊期間が必要で、多くが二〇日以上の浮遊期間をもつ。もっとも長い浮遊期間の記録は、アメフラシ類の約三〇〇日、裸鰓類でも数カ月というものがある。いずれも、植物プランクトンを過剰に与えた実験室での記録である。餌不足の可能性のある実際の海の中では、もっと長くなる可能性もあるだろう。

それぞれの戦略

ある研究者が、それまでに調べられていた二六〇種の後鰓類を、卵の大きさ別に整理した。それによると、約八割が、五〇～一三〇ミクロンの卵を生むもので、なかでも七〇～九〇ミクロンあたりのものがとくに多く、全体の約三分の一がそのような小さい卵を生む。また、二六〇種の平均の卵サイズは、一一〇ミクロンだったという。いかに、小型の卵を生む後鰓類が多いか、おわかりいただけるだろう。

卵の大きさは、当然のことながら、ふ化する幼生や幼体の大きさにも関係する。一般に大きな卵からふ化するものは大きく、小さな卵からふ化するものは小さい。たとえば、直径一五〇ミクロンぐらいの卵からふ化するヴェリジャー幼生の貝殻の長さは、だいたい二〇〇から二五〇ミクロンの間で、その半分の七五ミクロンぐらいの卵からふ化するものでは、大多数が一〇〇から一五〇ミクロンである。

また、大きな卵から発生する子どもほど、卵塊内に長く留まる。より多くの栄養分があるのだから、長く留まることができるのである。小さな卵は、栄養分も少ない。だから、早く自活しなければならない。卵が非常に小さいものでは、産卵後、二、三日でプランクトン栄養型のヴェリジャー幼生としてふ化する。一方、現在までに知られている卵塊内最長滞在時間は、南極のキセワタガイの仲間の約一二〇日である。ただし、この記録は、南極の水温約一℃でのものなので、研究の進んでいる温帯域の種との直接の比較はできない。しかし、飼育温度の低さを考慮に入れても、やはり長い記録には違いないだろう。このキセワタガイの仲間、卵の大きさも最大記録を誇っていて、直径四二九ミクロンが記録されている。このように、卵塊内の滞在時間は、ふ化時の幼生または幼体の大きさとともに、卵の大きさと正の相関をもっている。

逆に、卵の大きさと負の相関をもつものがある。それは、生み出される卵数である。大きな卵を生む種は、相対的にすこししか卵を生めない。一個の卵により多くの栄養分を詰めるのであるから、生む数を制限されるのはあたり前である。一方、小さな卵ならば、たくさん生めるということになる。もちろん、同じぐらいの大きさの卵を生むものでも、親の体の大きさが違えば、卵数が違ってくる。当然、大きな親は、たくさんの卵を生めるはずである。産卵数の多さでは、アメフラシ類の右に出るものはいない。そもそも、無楯目の種には、体の大きいものが多い。逆に、彼らの卵の大きさは小さなものぞろいである。唯一、ウミナメクジの仲間に、約一五〇ミクロンの直接発生型の卵を生むものが知られているが、ほとんどは、一〇〇ミクロン以下のプランクトン栄養型の卵を生む。とくに体の大きいことで知られるカリフォルニアにすむアメフラシ類の一種は、一卵塊中に一億個をこえる卵を生む。そのようなアメフラシが一生の間に生み出す卵数は、優に一〇億個をこえるだろうと見積られる。莫大な数である。一方、体が小さく、直接発生型の大きな卵を生むオカダウミウシでは、一卵塊中の卵数は、やっと一〇個をこえる程度である。

このように、卵数は、産卵する親の体の大きさとともに、卵の大きさ、ひいては発生様式にも関係しているのである。したがって、大ざっぱにいえば、先に述べたヴェリジャー幼生の運命、直接発生と、その対極にあるプランクトン栄養型のそれぞれは、「大卵少産」、「小卵多産」という親の繁殖戦略に対応している。そして、卵栄養型は、卵径、卵数とも、その中間である。

多くの後鰓類は「小卵多産」

先に述べたように、多くの後鰓類の卵はプランクトン栄養型である。つまり、多くの後鰓類が「小卵多産」の戦略をとっている。小さな卵から生まれた小さなヴェリジャー幼生は、海水中を漂いながら、植物プランクトンを食べて大きくならなければウミウシに変態できない。海水中はヴェリジャー幼生の餌の植物プランクトンが豊富な一方で、ヴェリジャー幼生を食べる種々の魚や動物プランクトンもたくさんいる。ヴェリジャー幼生たちは、とても小さい。勇敢に泳ぎ出す彼らだが、その大部分は他の動物に食べられてしまう。長く浮遊すればするほど、犠牲者の数は増える。また、大旅行の末に、変態に適した場所を確実に見つけられるとも限らない。一生の間に約一〇億の卵を産むだろうと見積られるカリフォルニアのアメフラシだが、そのほとんどが、ヴェリジャー幼生として海水中を漂う間に食べられてしまい、幼体になることすらできないのである。何ともかわいそうな気もするが、一〇億の卵のすべてが無事アメフラシになろうものなら、あっという間に、世界中の磯がアメフラシで足の踏み場もなくなってしまうだろうから、ほっとした気分にもなる。

海水の中が、そんなに危険なのに、なぜ泳ぎ出すのだ。卵塊から、そっと這い出して海底にいればいいじゃないかと思われるかもしれない。しかし、海底は、さらに危険に満ちている。ヴェリジャー幼生のように小さなものは、海底でも多くの動物の餌になる。小さな体でうろちょろしていたら、より大きな動物に踏んづけられる。海水中に泳ぎ出した方が、まだ安全なのである。

実は、海水中を漂うことには、大きな利点がある。それは、つねに新天地を開拓できる可能性があるということである。生まれたところに留まることは、ある意味では安全である。しかし、長い間には、何らかの理由でそこが壊滅的な被害を受け、もはやそこにすみ続けられないという事態もおこる。そうなってから慌てても間に合わない。移動能力もなく、生まれたところにすみ続ける習性をもった種は、そうなると絶滅の危機である。ところが、いつも海流に乗って新天地を開拓する努力をしている種は、だんだんと広い地域に生息場所を拡大できる。そのどこかが壊滅的被害を受けて、そこのすべての個体が滅んだとしても、あちこちに仲間がいる。一度滅んだところの環境が回復すれば、子孫は、またそこに戻ることもできる。

また、生まれた場所に留まる種では、同じ親から生まれた同胞が、いつも近くにいることになる。そうなると、年頃になったとき、同胞と交接してしまう可能性が高くなる。近親交配がよくないことはよく知られている。これに対して、幼生が浮遊して、あちこちに拡がっている種では、繁殖のたびに、遠方からさまざまな遺伝子をもった幼生が入ってくる。集団の中の遺伝子の多様性が高められ、環境の変動にも強くなる。

海水中に漂っている時間が長ければ長いほど、幼生は、より遠くに運ばれるので、そのような種は、より広い地域に生息場所を拡げていくことができる。後鰓類の多くの種では、成体にはあまり移動能力がない。大きな犠牲をはらってでも、新天地開拓をその幼生に託し、遺伝子交流の機会を高めることが重要なのだろう。底生性海産動物の多くが浮遊幼生期をもっていることからも、浮遊幼生の役割の大きさがうかがえる。

「大卵少産」の選択

それでは、浮遊幼生をもたない直接発生は、それほど不利かというと、実はそうとも限らない。まず、この型の発生でふ化してくる幼体は、幼生でふ化するものに比べるとかなり大きい。他の生物に食べられる可能性は相当低いだろう。小さいプランクトン栄養型の幼生の大多数が、ほかの生物の餌になって、幼体にすらなれないのと対照的である。もっとも、直接発生型の種では、生み出される卵数が少ないので、そんな犠牲をはらうわけにはいかないのである。

また、前に述べたように、多くの場合、後鰓類の親は卵塊をその餌の上または近くに生む。したがって、卵塊から這い出してきた幼体たちは、ほとんど努力することなく、餌を見つけることができる。早く成体への道を歩みはじめられるので、より早く成体になることができ、より確実に自分の子孫を残せるのである。

ヒトの場合は、おとなになる時期は、主に生まれてからの時間、つまり年齢で決まっている。もちろん、発育がいいとその時期は多少早まるが、体の大きさの影響はそれほど受けない。ところが、後鰓類の場合、おとなになる時期が生まれてからの時間にあまり左右されず、ある大きさに育つと繁殖を開始できるものが多い。つまり、早く大きくなったものほど、早く子どもを生めることになる。早く繁殖できれば、外敵にやられる前に自分の子どもを残せる可能性が高くなる。したがって、この点でも直接発生は、プランクトン栄養型のものより明らかに有利である。

しかし、これらの利点がある一方で、近親交配が進むこと、幼生による新天地開拓の機会をなくしてしまう不利益があることは否めない。にもかかわらず、直接発生の道を選んだ種たちには、この戦略にそれなりに勝算があったのだろう。たとえば、いわゆる「悪い」遺伝子がなければ、近親交配も悪くはない。環境が非常に安定していれば、むしろ、その環境に適した「良い」遺伝子を、近親交配によって守るほうが有利ですらあるだろう。しかし、このように非常に安定した環境というのは、実際は、なかなか望めない。だからこそ、多くの種が、多大な犠牲をはらって遺伝子の多様性を高め、つねに、新天地を開拓しているのである。

それでは、親もほとんど移動能力がなく、さらに幼生も分散できないとなると、新天地開拓の道が完全に閉ざされるかというと、実は、そうでもないのである。一生のどの時期にも大した移動能力をもたない種にも、かなり広い範囲に分布しているものがいる。そのような種がどうやって分布域を拡げられるか？　ひとつの可能性は、何かにつかまって漂流することである。意図的にそうするかどうかはともかく、漂流しやすいものの上でくらすものは、自ら移動しなくても、また、浮遊幼生期をもたなくても新天地開拓の機会に恵まれることになる。ただ、この方法で分散しようと思えば、ひとつ条件がある。それは、体が小さくなければならないということである。体が大きい種は、それだけ大きな漂流物を必要とするし、運よく、十分大きな漂流物を見つけられたとしても、その上から振り落される危険も大きい。したがって、この方法で分散するのは容易でない。直接発生をする後鰓類のほとんどが小型種である。体の小さい後鰓類は、浮遊幼生に頼らなくても新天地開拓の機会をもてる場合があるのかもしれない。

逆に、体の小さい種は産卵できる卵の数が制限される。すこしの卵しか生めないのに、そのほとんどが浮遊期間中に死んでしまうようなことになれば、子孫を残せず、その種は滅んでしまう。ちょっと、算数をやってみよう。浮遊幼生期の死亡率を見積るのは大変むずかしいので、どのくらいが幼体になる前に死んでしまうか本当のところはわからないのだが、仮に、浮遊幼生の〇・〇一パーセントが幼体まで到達できるとしよう。この確率は、統計学では、ほとんどおきないことと見なされるので、いいかえれば、浮遊幼生のほとんどが生き残れないとしても、カリフォルニアのアメフラシの仲間の一卵塊から生まれる約一億個の幼生のうち、一〇〇〇〇個ぐらいは幼体になれることになる。では、一卵塊に一〇個の卵を生むオカダウミウシでは、どうだろう。これが直接発生型でなく、プランクトン栄養型の発生をするのであれば、小さい卵を生めばよいことになる。思いきって卵の大きさを直径で一〇分の一に小さくする。そうすれば、体積で一〇〇〇分の一にできるから、単純に一〇〇〇倍の卵を生めると考えよう。そうすると、一〇個の卵数は、いっきに一万個に増えるが、〇・〇一パーセントしか生き残れないとなると、幼体になれるのは、やっと一個である。幼体になっても、まだまだ彼らの外敵は多い。この一個の幼体が親になれる可能性は、きわめて低いだろう。事実、体の小さな種には、大卵少産の戦略をとるものが多いのである。

中間の妥協?

「小卵多産」、「大卵少産」、この二つの戦略には、それぞれ利点も不利益もあることを述べた。新天地を開拓し、遺伝子の多様性を高めることに重きを置いた「小卵多産」。それらを犠牲にしても確実に幼体にまで育て、より確実に子孫を残すことを選んだ「大卵少産」。小さくて長く浮遊するプランクトン栄養型のヴェリジャー幼生と、より大きくてより確実に親になれる直接発生型の幼体。この二つの戦略のいいところだけとれないものか? 直接発生の種より小さめの大きさでふ化して、ちょっと浮遊し、つねに新天地開拓を心がけつつも、プランクトン栄養型の種より大きく、いつでも変態できる最小サイズは確保し、なるべく早く変態、成長して、より確実に子孫を残すこともできるようにする。このように考えると、卵栄養型のヴェリジャー幼生の戦略が、まさに、うまいやり方のように思われる。

しかし、幼生がちょっと大きいといっても、貝殻の長さ、約一〇〇～一五〇ミクロンのプランクトン栄養型に対して、それが二〇〇～二五〇ミクロンぐらいになっただけである。ヴェリジャー幼生を餌にする動物プランクトンや魚の多くは、かなり無選択に餌を取り込むと考えられるので、そのくらい大きくなったからといって、それほど生存率を高められるとは思えない。もっとも、プランクトン栄養型の幼生より浮遊期間が短いので、危険にさらされている時間の短さを考慮すれば、最終的な生存率は、ずいぶん高くなるだろう。しかし、逆にいえば、長くは浮いていられない。早く変態に適した場所を見つけなければならない。とくに、餌を食べられない卵栄養型のものには、限られた時間内に変態場所を見つけることが重要になってくる。ちょっと泳ぎ出して、すぐ近くに降りるつもりが、うっかり速い潮流などにつかまってしまったら、そう簡単に変態場所など見つけられない大海原の真ん中に出てしまう。そうなると深刻である。何しろ、餌を食べられないのだから、体に栄養分が残っている間は生き続けられるが、それを使いはたすと、もう生きられない。新天地開拓どころではない。

いっけん、両方のいいところを上手に組み合わせて、うまくやっているように思える卵栄養型の戦略だが、きびしい自然の中では、中途半端なやり方で成功するのは案外むずかしいかもしれない。実は、いろいろな動物の繁殖戦略は、ふつう二極分化を示している。徹底した小卵多産か大卵少産、このどちらかを示す種が多く、中間型は非常に少ないのである。ところが、後鰓類に限っていえば、「小卵多産」が圧倒的に多く、「大卵少産」も中間型も同様に少ない。つまり、一般則に反して、中間型も「大卵少産」と互角の勝負をしているともいえるのである。

この理由として、卵栄養型戦略の幼年期、つまり卵から幼体になるまでの時間の短さが指摘されている。直接発生の後鰓類一九種について計算された（極端に長い南極産のキセワタガイの仲間の一二〇日は除いて）ふ化までの平均的時間は二四日、一方、卵栄養型一七種の平均は約一四日だったという。直接発生の種では、ふ化までの時間が、そのまま卵から幼体までの時間だが、卵栄養型の種では、それに浮遊期間をプラスしたものが、幼体までの時間になる。浮遊期間は、種によって、また、餌を食べられるかどうかによっても異なるが、ほとんどが数時間から一日、長いものでも十数日ということを考えれば、平均浮遊期間は長く見積っても五日以内というところだろう。一四日にその日数をたしても、二〇日以内には幼体になれることになり、先にあげた直接発生型の二四日より確かに短い。

早く幼体になれれば、早く成体への道を歩みはじめられる。早く成体になることが有利であることは、先に述べたとおりである。このように後鰓類の卵栄養型発生は、プランクトン栄養型と直接発生型の中間の、単なる妥協の戦略ではなく、どうやら、確固としたひとつの戦略のようである。ウミウシたちは、種それぞれにもっとも適した方法で、その幼年期をすごしているのであろう。なかには、同じ種でも、すむ地域や環境が違うと、異なる発生様式を示す違う大きさの卵を生むものも知られている。また、嚢舌類の中には、卵そのものの大きさは変えず、つまり、卵そのものに含まれる卵黄の量は変えず、卵黄リボンとよばれるものを卵塊の中に加えて生み出すことで、幼生の発生様式を調節できるようにしているものもいる。

幼年期をどうすごすかが、ウミウシの場合も、一生の成功不成功に大きな影響をおよぼすだろうことは想像にかたくない。どのようにすごすのがもっとも有利か、それは種の形態のみならず、幼年期以降の一生の送り方とも密接に関係している。数々の興味深い考察ができるのであるが、この話はこのあたりで終えて、まだまだ、いろいろなドラマのある、その後のウミウシの一生に話を進めよう。

おとなへの道

ヴェリジャー幼生の行動

ウミウシのおとなへの歩みの第一歩は、幼体への変態である。直接発生型の種の場合は、これは卵塊の中でおきるので、とくに何の工夫も必要ない。しかし、卵栄養型とプランクトン栄養型のものでは、いったんヴェリジャー幼生になって浮遊し、その間に変態の準備をするだけでなく、そのための場所探しをもする。これらのヴェリジャー幼生たちは、そのためのいろいろな行動を発達させている。

卵塊に別れをつげたばかりのヴェリジャー幼生は、水面に向かって泳ぎ上がろうとする。面盤をいっぱいに拡げ、無数の繊毛を目にもとまらぬ速さで動かし、その運動によって水中を泳ぐ。面盤の繊毛運動をとめて、貝殻の中に軟体部を引っ込めると沈んでしまう。上へ向かう理由がありそうである。幼生の最大の役割は、新天地開拓である。海面近くには、いろいろな流れがあるので、それを利用しない手はない。また、餌を食べなければ生き続けられないプランクトン栄養型の幼生の場合は、水面近くにいることが、さらに重要になる。彼らの餌は、植物プランクトン。光合成をする植物プランクトンは、水面近くの光が届く範囲（有光層）にしかいない。幼生のくらしにとっては、水面近くへ浮び上がり、そこに留まることが重要なのである。

さて、ヴェリジャー幼生たちが何を頼りに水面を目指すかだが、光の方向へ進む結果、水面に浮び上がるという説と、重力方向を感知して水面の方向を知るのだろうという説がある。卵栄養型の幼生はともかく、多くのプランクトン栄養型の幼生は、まだ、眼をもっていない。体表に光を感じる細胞がある可能性もあるが、仮にあったとしても、それが、光の方向を見定めなければならない走光性に十分な構造である可能性は低い。一方、すべてのヴェリジャー幼生は平衡器をもっている。実際、いくつかの種で、上からの光の有無に関係なく、幼生は上に泳ぎ上がることが知られているので、おそらく、重力方向を頼りに水面を目指せるのだろう。

多くの後鰓類は、底生性である。上昇行動をしている間は、おそらく、まだ、変態する気もないし、その準備も整っていないと考えられる。ところが、あるとき、幼生の行動に変化がおきる。上向きに泳ぎ上がろうとしていたヴェリジャー幼生が、頻繁に面盤の繊毛運動を停止し、容器の底に沈むようになる。この頃までには、ヴェリジャー幼生もだいぶ大きくなっている。重くて沈んでしまうようにも見えるが、どうやら、そうではなさそうである。泳ぎをとめ、すっと沈んでも底に墜落することは少なく、底近くでホバリングしたり、また、しばらくすると泳ぎ上がったりするところを見ると、どうやら、積極的に下に向かおうとしているらしい。実は、この頃のヴェリジャー幼生には眼もできていて、光を避けるようになるという。どうやら、負の走光性が、下に向かう動きに関係しているようである。

こうして、底に沈むようになったヴェリジャー幼生たちには、這うことができるだけのりっぱな腹足が完成している。ときには、面盤や腹足を底につけ、あたかも何かを探しているような行動をする。そうである。変態準備完了！　いまや、幼生たちは、変態場所を探しはじめている。

旅の終わりに

変態準備を終え、浮遊生活に終わりを告げようとしているヴェリジャー幼生。彼らは、いよいよ、一生の重要なイベント、ウミウシの「かたち」へ変態するときを迎える。さて、どこで変態するか？　浮遊性の後鰓類では、一生漂っているので、とくに変態場所を探す必要はないが、底生性の後鰓類は、まず、海底のどこかに降りなければならない。下向きに向かうように変化した幼生の行動は、まさに、このためだったのである。海底の近くに到達したヴェリジャー幼生、そのあたりのどこでもいいから着地して変態するかというと、どうやらそうではなさそうである。変態準備が完了したと思われる幼生を、それまでと同様に飼育し続けても、定着、変態しない場合が多いのである。

だいぶ大きくなったヴェリジャー幼生とはいっても、大きなものでも四〇〇ミクロンほど、一ミリメートルの半分ぐらいの大きさである。このような小さなものが、どこに降りるかを、海底に潜って見定めることはほとんど不可能である。したがって、飼育容器内で実験をして、どこに降りるかを推測することになる。幼生が変態するために、場所を定めて降りることを定着とよぶ。変態とは、親と同じウミウシの「かたち」になることである。定着すれば、ほどなく変態し、ウミウシぐらしを開始する。したがって、定着するときに、そのくらしに適した場所を選ばなければならないだろうと思われる。生きるためには、何はなくとも食べなければならない。二章でも述べたように、多くの後鰓類が海藻や付着動物を食べ、さらに、その多くが特定の種類を選んで食べている。このことから、きっと、これから食べるべき餌の近くに定着するだろうと想像する。そこで、親の餌を採ってきて幼生の飼育容器に入れてみる。たとえば、トゲヒラコケムシの仲間を食べるドーリス類のアダラリア・プロキシマ。その幼生の飼育容器にはそのコケムシの群体を入れてみる。また、ベニウミトサカの仲間を食べるホクヨウウミウシの仲間には、そのウミトサカを入れてやる。すると、これら二種の幼生たちは、それぞれ、コケムシとウミトサカの上に定着し、そこで変態するという。カイメン食いのドーリス類の幼生にも、餌カイメンを容器に入れると、その上に定着、変態するものが知られている。アメフラシの幼生を変態させるには、容器内に海藻のソゾを入れてやればいい。

このように、飼育容器内に餌生物を入れてやると、幼生たちは定着し変態する。しかし、何も入っていない海水の中では、多くの種の幼生がなかなか変態できず、やがて力尽きて死んでしまう。やっぱり、幼生は、親の餌を探して定着、変態するのだろうということになる。そこで、きっと、幼生を誘引する物質が餌から出ているに違いないと想像する。

サンゴを食べるミノウミウシの一種、ジライヤウミウシの幼生は、餌のサンゴの上に定着し、そこで変態する。しかし、それだけではない。その餌サンゴをしばらく飼っていた海水の中に幼生を入れるだけで、サンゴそのものがなくても容器の底に降りて変態する。さらに、そのサンゴを蒸留水につけた後、その液をフリーズドライして得たサンゴ抽出物によっても、定着、変態が誘引される。こうして、餌から海水中に溶け出る化学物質がジライヤウミウシの幼生の定着と変態に重要な役割をはたしていることがわかった。

一方、餌がなくても変態する種も知られている。背楯目のウミフクロウ、頭楯目のオオコメツブガイの仲間や裸鰓目のツヅレウミウシの仲間、同じく裸鰓目のシロタエミノウミウシなどである。最後にあげたシロタエミノウミウシでは、幼生が、まだ浮遊中から面盤を退化させはじめることが報告されている。多くの後鰓類では定着しないと変態できないのと対照的に、この種の場合は、定着の成功不成功にかかわらず、浮遊中に変態を開始すると考えられるのである。そうであれば、餌も何も入っていない飼育容器内で変態したからといって、定着場所を選ばないということにはならない。

また、餌そのものは必要ないが、細菌などの微小な生物がつくる薄い膜、オーガニック・フィルムがないと変態できないという種もいる。嚢舌目のエリジア・クロロティカなどが、この例である。そもそも、何もついていない飼育容器の底のガラス面などというのは、幼生たちにとって気持のよいものであろうはずがない。なぜなら、そんな「きれいな」ものは、彼らのすむ海の中にはほとんどないからである。ただの岩なら似たようなものではないか、と思われるかもしれないが、鉱物成分がむき出しの「ただの岩」というようなものは、海中では岩が割れた直後にしか存在しない。海の中は、どこもかしこも、眼に見えない微小な生物であふれかえっている。割れた岩の上にも、すぐに細菌や単細胞藻類などの微小生物が付着する。ただの岩に見えるものの上にも、生物のじゅうたん、つまり、オーガニック・フィルムが敷きつめられているのである。どうやら、海中の自然環境を考えれば、どんな種も、せめてオーガニック・フィルムぐらいはないと定着しないだろうと考えられる。

多くの後鰓類は、かなり限られた種類の餌しか食べない。また、変態後は這う生活であり、あまり移動することができない。泳ぐことのできる幼生時代に、餌を見つけ、その近くに定着し、そこで変態することが有利に決まっている。そうなると、最終的には、餌から溶け出る化学物質を手がかりに、餌場にたどりつけるようになっているのだろう。味や匂いには敏感であるに違いない。とくに、多くの海藻や付着動物のように、あちこちに分散して生息している生物を食べる種では、定着のときに確実に餌の近くに降りることが重要だろう。一方、成体での移動能力が高く、動き回るものを餌にしているような種や、わりと何でも食べる種の場合は、定着場所選択はそれほど重要でもないだろうと思われる。餌が専門化すればするほど、幼生は厳密にその餌を選んで定着しなければならないだろう。

ところが、最近になって、このような一般則にあてはまらない例も報告されるようになってきた。いままでに行われた実験の多くは、餌または餌由来の物質の入った実験容器と、比較のために用意された、ろ過海水の入った対照容器を比較するというものである。実験容器内の幼生が変態して、対照容器内で変態がおきないと、「親の餌が、幼生の定着、変態を誘引する」という結論が導き出される。ここまでは、正しい。しかし、この結論が往々にして「親の餌がないと、幼生は定着、変態しない」という解釈につながってしまうのである。このことに気づいた研究者たちが、この一般則に挑戦をはじめた。その結果、親が特定のカイメンしか食べない一種のイロウミウシの幼生が、親の食べる餌のカイメン種だけでなく、親が食べないカイメンの種にも定着し、変態することがわかったり、逆に、親は、さまざまな微小藻類を食べられるフレリトゲアメフラシの幼生は、特定種のラン藻を与えられないと変態できないという例も知られるようになった。幼生の定着場所選びの方法は、どの種でも「親の餌がないと定着できない」、「餌があれば、定着できる」という単純なものではなさそうである。

変態のとき

さて、幼生たちの定着、変態場所選びの方法がどのようなものであれ、彼らが遅かれ早かれ、親の餌を食べはじめなければならないことは確かである。したがって、親の餌を丹念に見れば、定着、変態後まもない幼生に会える期待がある。海底で闇雲に小さな幼生を探すのに比べれば、ずっと容易で成功する可能性の高い仕事であるが、それでも、野外から幼生が発見された例は、意外と少ない。しかし、少ないとはいえ、野外から採集してきた餌生物を探すと幼生が見つかることがある。

幸運にも、私自身この方法で、定着後まもない幼生に会う機会に恵まれた。一〇年ほど前の冬、家内とともに以前から続けていたコザクラミノウミウシとピリカミノウミウシの調査に、北海道、小樽の忍路湾に行ったときのことである。そこでは、コザクラミノウミウシは、キタエダウミヒドラ、ヒラタアシナガコップガヤ、カレヒバやハタイヒドラなど数種のヒドロ虫を食べる何でも屋、一方のピリカミノウミウシは、このうちのキタエダウミヒドラしか食べない専門家である。キタエダウミヒドラしか食べないピリカミノウミウシが、キタエダウミヒドラもその他のヒドロ虫も食べるコザクラミノウミウシにどうして駆逐されないでいるのだろう、というのが、数年来、彼地を訪れるたびに二種を見てきた私の疑問だった。きっと何か秘密があるはずだと思って、餌の食べ方を詳しく研究しているときだった。キタエダウミヒドラのポリプの上に、大きさ四〇〇ミクロンほどのヴェリジャー幼生がしっかりと付着しているのを見つけたのである（図17）。とっさに、「もしかして！」と思った私たちは、そのヴェリジャー幼生をキタエダウミヒドラのポリプとともに、別の容器に入れておいた。「やっぱり！」である。翌日、容器の中に見えたものは、貝殻のないウミウシの姿。小さいながら二対の背側突起もあり、ミノウミウシだとわかる。

さて、それが「誰」の子か、つきとめるための飼育をするとともに、定着後まもない幼生を探し続け

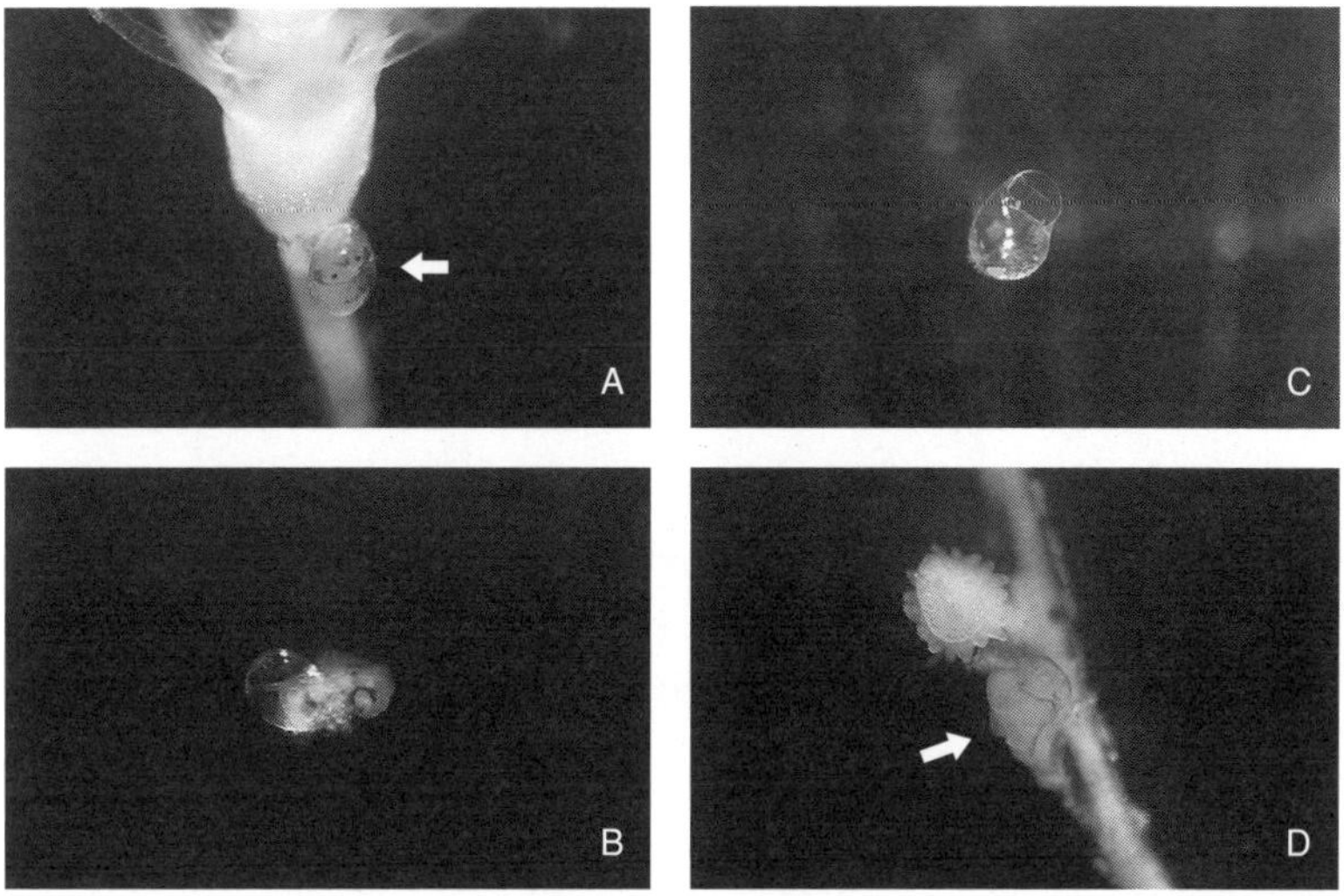

図17　(A) ヒドロ虫のポリプに定着し変態する直前のミノウミウシ類のヴェリジャー幼生．(B) 貝殻を脱ぎ，幼生から幼体になった．(C) 脱ぎ捨てられた貝殻．(D) 脱いで裸になった幼体．AとDは，ピリカミノウミウシ．BとCは，コザクラミノウミウシ

た。最初の一個体が見つかるまでは、とても「いる」と思えなかったものが、「いる！」とわかった途端、次々に見つかるということは、採集調査の際、よく経験することである。ないと思っているものは、よほど目立つものででもない限り見えないが、逆にあると信じれば見えてくることがある。そのときも、やはり、次々と、しかも、キタエダウミヒドラだけでなく、ヒラタアシナガコップガヤやカレヒバの上からもヴェリジャー幼生を見つけることができたのである。

見つけた幼生たちを飼育し、二種の幼生を同定できるようになった私たちは、幼生付着場所の詳細な比較をした。キタエダウミヒドラ専門家のピリカミノウミウシは、やはり、そのヒドロ虫の上についていて、しかも多くがヒドロ虫の肉体そのものに吸いつくようについていたのである。一方、コザクラミノウミウシは、ヒラタアシナガコップガヤ、カレヒバの上、ハタイヒドラの近くから多数見つかったが、キタエダウミヒドラの上からは、すこししか見つからなかった。さらに、その少数の幼生も、キタエダウミヒドラの群体の基部近くについていて、肉体からは遠く離れていた。このことから、専門家ピリカミノウミウシの方が、早くからキタエダウミヒドラを食べはじめられることがわかり、なるほど、これならピリカミノウミウシにも勝ち目はあろうと、「何でも屋に秀でた一芸なし」の格言を思い出したものだった。こうして、これら二種のミノウミウシの幼生付着場所調査の間に、私は、合わせて約四五〇個体の定着後まもないヴェリジャー幼生に出会えたのである。さらに、幸運なことに、彼らのいくつかについては、変態の瞬間にも立ち会うことができた。

餌ヒドロ虫の上や近くから見つけた彼らのヴェリジャー幼生たちは、すでに面盤を失っていて、貝殻こそ薄いが、ほとんど小型の巻貝に見えた。私は、この二種の「変態の瞬間にも立ち会うことができた」と書いた。そう、お察しのとおり、そのミノウミウシたちは、私が実体顕微鏡で見ている眼の前で、見事に貝殻を脱ぎ捨てたのである。脱ぎ捨てられた殻は、ヒドロ虫の群体の上や容器の底に、ごろっと転がった。見るからに薄く、はかない殻であった。

貝殻をみじんももたない丸裸後鰓類の多くは、私が目撃した二種のミノウミウシ同様、貝殻を脱ぎ捨てるという方法で、ウミウシに変態する。しかし、なかには、ウミフクロウのように、軟体部で貝殻を包み込んだ後、それを吸収するというものもいる。脱ぎ捨てようが吸収しようが、貝殻なくしは、ほとんどの後鰓類では定着後におきる。ところが、まだ浮遊期間中に早々と貝殻を脱ぎ捨ててしまう変わり者もいる。ドーリス類のセンニンウミウシは、まだ、泳いでいる間に、貝殻を脱いでしまう。そのときからどんどんウミウシらしいかたちへ変わっていくが、まだ、しっかりした面盤をもっていて泳ぎ続ける。やがて、底に降りて這いはじめると、徐々に面盤が退化して変態を完了するという。

この時期にヴェリジャー幼生たちがしていることは、面盤を消失し、貝殻を脱いだり包んだりという、外から見えることだけではない。体の中でも、感覚器や神経をさらに発達させたり、新たな器官をつくったり、幼生期の器官を、成体の器官につくりかえたりしてさまざまな形態形成をしているのである。とくに、消化器官のつくりかえは重要だ。どの種でもヴェリジャー幼生たちは、植物プランクトンを食べる。でも、変態後の餌は、多くの場合、植物プランクトンとはまったく違う生物である。摂餌器官もつくりかえなければならない。多くの後鰓類は植食から肉食に変わる。消化酵素も別のものが必要になるだろう。目に見える変態の陰で、さまざまな準備が行われているのである。

その後のくらし

こうして、幼体から成体への歩みをはじめた一人前の「ウミウシ」たち。といっても、まだまだ小さい。よく伸びてもせいぜい一ミリメートルに届くかどうかである。成体になるまでには、しっかり食べて大きくならなければならない。しかし、この間、ウミウシには、「お入学」もなければ、成人式もない。こうなると、ウミウシの一生の次なる一大イベントは、いきなり「結婚」、そして子づくりである。イベントがないと日々のくらしは退屈なものかといえば、そんなことはない。われわれの日々の生活だって、平凡に見えて、それなりにドラマがある。ウミウシのくらしだって、何の変哲もないのんびりしたものでないことは、二章を読まれた読者の皆さんには、もう容易に想像していただけるだろう。

さまざまな防衛戦略を駆使して外敵から身を守り、餌生物の防御を打ち破って食べながらくらすスリルに満ちた日々、それが何のためなのかといえば、一生最後の一大イベント、「結婚」と子づくりのためである。「結婚」といってもウミウシ・ワールドには窮屈な法律などない。子づくりといっても、ほとんどの場合、生んだら、それでおしまいである。子育ての感動もドラマもない。それでも、これがウミウシ一生の一大イベント、しかも本当に一生の終わりに行われるイベントなのである。

ウミウシの一生は短い。私が知っている後鰓類の長寿記録は、タツナミガイの六年だが、これは、飼育水槽内でのものである。餌は好きなだけもらえるし、外敵に襲われる心配もない。飼育世話人にさえ恵まれれば、平和な楽園である。この記録が、ギネスものの例外的なものであることはいうまでもない。自然環境での長寿記録は、南極のキセワタガイの仲間の約四年半である。このキセワタガイの仲間は先に幼生期のお話をしたときに登場したもので、一二〇日間におよぶ卵塊内滞在の長時間記録保持者でもある。南極には、このほかにも四年生きるキセワタガイ類の一種がいる。南極の水温は低い。発生の速度が温度の影響を受けるのと同じように、体の成長も繁殖の準備の速度もその影響を受ける。温度の低いところにすむ後鰓類は成長も遅く、その分寿命が長くなる。

これらの例外的長寿記録を除くと、ふつう、後鰓類の寿命は、長いものでも三年以下、多くのものが一年、そして、一年未満の短いものも多く、中には数週間という短いものもある。先に述べたように寿命は、温度の影響を受けると考えられるので、同じ種でも寒い地域と暖かい地域では寿命が違ってくる可能性がある。また、寿命の短い種では、季節によってもその長さが違う可能性は非常に高い。実際、二〇℃と二五℃でアマクサアメフラシを飼育したところ、二〇℃で飼育したものは、二五℃で飼育したものの二倍長生きをしたという。

ミカドウミウシのように大きくなると五〇センチメートルをこえるものや、長さ一メートル、重さ一四キログラムをこえるアメフラシの仲間など、それぞれ、平均的な裸鰓類やアメフラシ類の大きさを大幅に上回る種がいる。これらの大型種が、いままでに明らかにされた寿命の範囲におさまるかどうかは、今後の研究に待たなければならない。長さ一メートルとまではいかなくても三〇センチメートルぐらいにはなる日本産アメフラシもせいぜい一年の寿命だろうと見積られているから、ずばぬけて大きいといっても、それほど長生きではないのだろう。しっかりした貝殻をもつ、ふつうの巻貝では、殻長数センチメートルの種でも五年以上生きるものがけっこういることを思うと、貝殻からの解放は、後鰓類にのびのびとした自由な成長を許した一方で、その寿命を短くしているようにも思えるのである。

一生の終わりに

さて、このように寿命が短いこともあって、後鰓類のほとんどが一生の終わりに「結婚」、子づくりの大イベントを迎えることになる。一年の寿命のものも、二年間成長してから、やっと繁殖期を迎える。例外的に長命な南極産キセワタガイの仲間は三年目にやっと成熟し、一回産卵した後、一年後、また、もう一回産卵するというから、この点でも、この種は例外的である。ただ、この二回の産卵は、一年以上続く繁殖期中の産卵とも見なされるところもあるので、もし、そうであれば例外でもない。低水温で、一回の産卵の後に次の産卵の準備をするにも時間がかかるはずだから、その可能性は十分高い。ちなみに、六年という長寿ギネス記録保持者のタツナミガイは、約一年で成熟し、その後の五年間、一〇〜二〇日おきにずっと産卵を続けたというから、その個体が生み出した総卵数を思うと、子づくりへの執念の大きさがうかがえる。

一般に、一年以上の寿命をもつものは、それぞれの種固有の繁殖の季節をもっている。とくに、温帯、寒帯地域では、繁殖の季節性が顕著である。たとえば、英国にすむ裸鰓目のオンキドーリス・バイラメラータ、オンキドーリス・ムリカータ、ゴニオドーリス・ノドーサやアダラリア・プロキシマはいずれも一年寿命の種だが、幼体になってから七～八カ月の成長期をすごした後、冬から春にかけて繁殖期を迎えることが知られている。デンマークのキセワタガイの仲間は、五月から八月にかけて産卵する。温帯域にすむアメフラシ類の多くも一年寿命だが、だいたい春から夏にかけて繁殖期を迎える。二年またはそれ以上の寿命の種も、幼体から成体になるのに長くかかるだけで、だいたい決まった季節に繁殖する点では一年寿命のものと同じである。これらの繁殖の季節決定には、水温が大きく影響していると考えられる。水温変動が少ない亜熱帯域ハワイでは、アマクサアメフラシやクロヘリアメフラシの成体が一年中見られるという。

寿命が数週間から数カ月と短い種では、定着後の時間と体の大きさが繁殖開始時期決定にとって重要になる。簡単にいえば、定着後、繁殖に必要な最小の大きさに達すると繁殖を開始するのである。水温や餌の量が、その間の成長と繁殖準備の速度に影響を与えるから、水温が高く餌が豊富にあれば、速く成長して早く繁殖期を迎え、早く一生を終えることになる。一定の体サイズに達しても、繁殖可能な水温にならないと繁殖しない一年以上の寿命をもつ種と対照的である。つまり、寿命の短いものでは、適温範囲にありさえすれば、成長して繁殖準備の整ったものから順に繁殖を開始する。そのため、同じときに定着した個体の間にも、その後の境遇によって繁殖開始時期に相当なずれが生じることになる。

繁殖期を迎えると、ひたすら子づくりに専念して餌も食べないという種もいる。しかし、多くの後鰓類は繁殖しながらもよく食べる。アメフラシなどは、繁殖を開始してからも、どんどん食べ成長し、次第に大きな卵塊を生むようになる。このことは、後鰓類の繁殖期間が、その短い寿命の割には長いものであることを物語っている。嚢舌類のタマノミドリガイの飼育記録では、ふ化後約二カ月で産卵を開始し、多くが約五カ月、長いものでは六カ月以上生きて産卵を続けたという。私自身が飼育したコマユミノウミウシも、五カ月たらずの短い一生の約半分の期間、産卵を続けた。このように、後鰓類の一生の終わりの「結婚」と子づくりは、一夜のめくるめくロマンスと渾身の力を込めた、ただ一度の産卵で終わるというようなドラマチックなものではない。しかし、それが一生の最後に行われるイベントであることには変わりがない。子育てしない後鰓類には、壮年期も中年期もない。子づくりが終わったら、消え去る運命が待っている。したがって、子づくりは、まさに「ウミウシの一生」の大団円、このドラマのフィナーレには、「ウミウシの愛」の物語がある。

ウミウシの愛

いっしょにしてくれて、ありがとう!

大学の動物学の講義の中に、無脊椎動物学という伝統的な講義がある。魚や鳥や蛙や蛇などは、ヒト同様、りっぱな脊椎、つまり背骨をもっているので、この講義の対象にはならない。エビ、カニ、ヒトデ、ウニ、イカ、クラゲなど、そして、われらが後鰓類もふつうの巻貝も無脊椎動物の一員である。この講義の最大の目的は、動物界の多様性を知ることであろう。動物は、体のつくりの特徴で三十数個の門とよばれるグループにわけられる。一章でちょっとふれたように、後鰓類もふつうの巻貝も軟体動物門というグループに分類される。ヒトの属する動物群は、かつて、脊椎動物門として独立の一門をなしていたが、現在では、背索動物門というグループに含められるようになった。脊椎動物とともに、この門に含められるのは、ウミウシの餌にもなっているホヤとその仲間である。外形からは似ても似つかないが、ホヤとわれわれヒトは、ともに発生の途中に脊索という構造をもつ。ホヤでは、成長とともにそれが消失し、ヒトでは、脊椎にとって代わられるのである。このように脊椎動物をホヤとともに脊索動物の一員としようが、以前のように独立した門と見なそうが、動物の大多数が無脊椎動物であることに変わりはない。無脊椎動物学は、動物というものを理解するためにとても重要な講義なのである。

この無脊椎動物学の入門コースともよべるものに、動物学臨海実習がある。なぜ、海かといえば、動物界の大多数の門がそろうのが海だからである。川や湖、湿地などを含めても陸に上がった動物は、ごく一部である。半分近い門の動物は海でしか見られない。そこで、できるだけ生きた状態で、より多くの門の動物を観察し、動物の多様性を肌で感じようという目的で、動物学臨海実習が行われる。三十あまりの動物門の中には、深海その他の特殊な環境にしかすんでいないものや、非常に小さく見つけにくいものもいるので、実習中に実際に観察できる動物門の数は、その半分ぐらいなのだが、それでも学生たちも私も、臨海実習で出会える動物の多様性には感動する。

さて、実習中には、観察用の動物たちを集めるため、磯採集に出かける。それぞれの動物が、実際に生きているところを見るというのもひとつの目的である。採集に出かける前に「磯の生態系を保全するためにも、同じ種をたくさん採らないように」と注意はするのだが、大型の動物はかなりの数が集まってしまう。生まれてはじめて自分で見つけ、手にする感動は大きい。私にも覚えがある。採集バケツの中から誇らしげに取り出すうれしそうな顔を見ると、すぐに海に返してきなさいともなかなかいえない。こうして同一種が、たくさん採集されてしまう動物の中に、アメフラシ類がいる。アメフラシ類がたくさん集まるのは、彼らの繁殖期の真っ際中に、私がこの実習を開講しているという事情があるのだが、とにかく、実習のたびにアメフラシ類が集まってしまう。そのほとんどが、アメフラシとアマクサアメフラシである。これらの種よりさらに大きいタツナミガイは、さすがに、一、二個を残して残りはすぐに海に返すようにしている。水槽のスペースにも限りがあるからである。こうして、集められたアメフラシたちを大きな水槽に入れ、その他の動物たちも仕分けして磯採集を終了すると、しばらくの休憩に入る。

一、二時間の休憩の後、いよいよ、観察を開始すべく実験室に戻ったときである。磯採集で海産動物に興味をもちはじめている学生たちが、さっそく水槽をのぞき込んでいる。アメフラシたちを入れた水槽は大きいので、とくに学生たちの注目を集める。しばらく観察していたのだろう。その中のひとりが聞いてくる。「先生、これ何してるんですか?」。見ると、適当にバラバラに入れてあったアメフラシたちが、二個、三個（多い場合はそれ以上になることもある）と集合しているではないか。磯から採ってこられ、水槽の中に閉じ込められて相当なストレスだろうと思うのだが、アメフラシたちは何とも幸せそうに、まるで、「いっしょにしてくれて、ありがとう!」といわんばかりに、くっついているのである。

後ろが雄で、前が雌

学生からの質問というのは、自分の教えようとしていることに興味をもってくれていることを実感できるので、それだけでうれしいものだが、答えを知っている質問の場合はなおさらである。よくぞ聞いてくれたとばかりに、「これはね、結婚の儀式なのだよ」と、答える。「えー、アメフラシってこんなふうに交尾するんですか⁉」、「そうだよ、後ろが雄で、前が雌」、さらに、水槽に顔を近づけ、交接中のアメフラシたちをじっとのぞき込む。

「えっ？　後鰓類って雌雄同体じゃなかったの？」、そのとおり、ほとんどの後鰓類は雌雄同体である。アメフラシ類もそうである。だったら、なぜ「後ろが雄で、前が雌」かというと、それは、前後で役割が違うからである。雌の役割は、卵をつくり生むこと、そして、その卵を受精させるために精子を雄から受け取ることである。雄の役割はといえば、精子をつくり、それを雌に渡すことである。つまり、「後ろが雄で、前が雌」というのは、後ろのアメフラシが精子を与え、前のアメフラシがそれを受け取るということを意味している。どちらのアメフラシも卵も精子ももっているが、後ろは精子を与えるだけ、前は後ろから精子をもらうだけということである。

アメフラシの体内生殖器官との連絡口、つまり、生殖門はたったひとつ、それは背側の中央よりやや後ろよりにある。生まれる卵も、他の個体に渡す精子も、ここから体の外に出る。また、他の個体からもらう精子もここから体の中に入る。ところが、精子を他個体に渡す外部雄性生殖器、すなわちペニスは頭部、体の右側面についている。このペニスは必要に応じて飛び出す突起物だが、ミノウミウシで見たような卵精巣からの管はつながっていない。交接相手に渡す精子は、背中の生殖門から出され、体の右側表面にある細い溝を通してペニスの先端まで運ばれる仕組みになっている。生殖門はひとつだが管の中に仕切があり、他の個体に渡す精子の通り道と他の個体からもらう精子の通り道がわかれている。そのため、アメフラシ類は前の個体に溝を通じて精子を渡しながら、後ろの個体のペニスを受け入れることができる。こうやって、三個体以上がつながって交接することもできるのである（口絵—愛）。これが、アメフラシの「チェーン交接」である。この場合、いちばん前のアメフラシは雌、いちばん後ろは雄の役割しかできないが、その間のアメフラシは、同時に雄と雌の役割をすることになる。もし、いちばん前の個体がいちばん後ろの個体につながると輪になる。実際、アメフラシでは、交接の輪ができることも珍しくはない。この場合は、全員が雌雄の役を同時にはたせる。

アメフラシ類だけでなく、頭楯目の多くの種も、たとえば、キセワタガイ類やカノコキセワタガイ類も「後ろが雄で、前が雌」の直列交接を行う。これらの種でも、頭部の右側面にあるペニスには卵精巣からの管が、直接つながっていない。やはり、精子は体の右側にある溝を通してペニスに運ばれる。ここまでは、アメフラシ類と同じなのだが、ペニスが挿入される生殖門から中の構造に違いがある。そこには通路が一本しかなく、自分の精子を外に出すときも、そして他の個体から精子をもらうときも、この一本の通路だけが頼りである。交接のときに、自分が雄役になって精子を送り出しているときは、後ろの個体から精子を受け取る雌の役割はできないようになっている。

もし、前の個体に精子を渡している最中に、後ろからペニスを挿入されれば、精子を送り出している口が、後ろの個体のペニスで塞がれることになるので、もはや、前の個体に精子を送り続けることができなくなってしまうはずである。そうなると雄役をあきらめて、後の個体からの精子を受け取り、雌役に転ずるほかはないだろう。いままで、その個体の前にいて精子をもらっていた個体には、ペニスは挿入された格好にはなっていても、精子が送られてこなくなるはずである。このような頭楯類では、二個体以上が連なると、最後方の二個体以外は実質、交接できていないと思われるのだが、このような頭楯類たちも三～四個体がつらなり、団子状態になっていることがけっこうあるようである。この場合、はたして全員が同時に交接に参加できているかは、構造の制約を考えると大いに疑問である。しかし、一度に交接できなくても、雌役をしていたいちばん前の個体が、精子がこなくなったのをきっかけに、今度はいちばん後ろにまわって雄役に転じ、役割を次々に交代すればいいわけだから、たくさん集合するのも悪くはない。

精子交換

無楯目や頭楯目の多くの種は、「後ろが雄で、前が雌」で、頭を同じ方向に向けて直列交接を行うが、なかには二個体が正面方向から寄り添うように交接するものもいる。たとえば、無楯目のウミナメクジ類は頭部と頭部をくっつけて交接する（口絵—愛）。この仲間の生殖器官の基本的構造と配置は、アメフラシと同じなのだが、生殖門が体の前よりに開口しているので、体の右側を中にして頭部をくっつけ合えば、それぞれのペニスを相手の生殖門に挿入できるのである。体の大きさが同じぐらいのものなら、アメフラシ類でも同様に向き合った交接ができそうだが、背中の盛り上がりが邪魔をするのか、そういうのは見たことがない。ただ、ブラジルのアメフラシの仲間では、この交接もよく見られるという。

二個体が対になってお互いにペニスを伸ばし合う交接では、どちらもが同時に雄役にも雌役にもなる。それぞれが相手に精子を与え、相手から精子をもらう。すなわち、精子の交換をするのである（口絵―愛）。実は、多くの後鰓類が、このような精子交換による交接を行う。裸鰓目のほとんどがそうだし、背楯目の多く、頭楯目の一部もこのような交接をする。

これらの後鰓類では、ペニスと卵精巣は必ず体内の管（輸精管）で直接つながっている。つまり、雄としてペニスから相手に渡す精子は独自の通り道をもっているのである。一方、雌として相手から精子をもらうための受け口である膣口が、ペニスのすぐわきに開口する。つまり、ペニスと膣口は、セットになって、体の右側の前よりに配置されている。したがって、これらの種では、お互いの体の右側面をすり寄せて向き合うと、うまい具合に交接しあえるようになっている。このような交接は、基本的に、一組の「カップル」の間での精子交換である。たまには割り込む輩が現われて、三個体で交接することもあるようだ（口絵―愛）。体の右側を中にして三つ巴になって、それぞれが直前の個体にペニスを挿入すれば、何とか交接できるらしい。しかし、この格好の交接では、三つ巴が限度だろう。それ以上が交接することはまずないと思われる。

風変わりな「結婚」の儀式

歯舌がナイフ状で、海藻に穴を開けて中身を吸い出す嚢舌類。彼らの多くは、交接も少々風変わりである。これまでに紹介した後鰓類たちは、直列交接だろうが、精子交換だろうが、どれも精子はペニスを通して相手の膣口に送り込まれた。ところが多くの嚢舌類には膣口とよべるものがない。はて、どうやって交接するのだろうと疑問に思う。もちろん、嚢舌類の中には、ちゃんと膣口が開いている種もいて、それらでは、二個体が対になり、ペニスをお互いの膣口に挿入して、ふつうの精子交換型交接をするのだが、かなり多くの嚢舌類が膣口をもっていない。

精子を受け入れる穴が開いていないなら、自分で開けてしまえばいいというわけで、このような嚢舌類、歯舌《しぜつ》だけでなく、ペニスも穴開け方式を採用している（図18）。つまり、ペニスを相手の皮膚に突き刺して交接するのである。想像するだに凄まじい。種によっては、膣口こそないが、膣嚢とでもよべる袋をもっていて、ペニスはそこを狙って突き刺される。しかし、そのような袋がない種では、体表全体が標的である。精子を受け取る特別な袋がないわけだから、このような場合、突き刺されたペニスから注入された精子は、おそらく体の中を満たしている血液によって卵のところまで運ばれるのだろうと考えられているが、詳しい精子の運搬経路はわかっていない。

このようにペニスを相手の皮膚に突き刺して行う交接は、透皮交接《とうひこうせつ》とよばれる。ペニスと膣口の配置で、交接の際の体の向きや格好を制限される一般の交接と違って、標的になる膣嚢ももたない種の透皮交接では、雄役になりたい個体は、前からでも後ろからでも、また、横からでもペニスを相手に突き刺すことができ、自由自在である。お互いがペニスを突き刺し合っての精子交換も、複数でのチェーン交接も、何だってできる。透皮交接は嚢舌類のお家芸かと思いきや、裸鰓目のフジタウミウシの仲間にも、このような交接をするものがいるらしい。それらでは、二個体の雄役が、同時に一個体の雌役と交接することすらあるという。

図18 ゴクラクミドリガイの仲間の透皮交接．場所を問わず，相手の体にペニスを打ち込める．（Reid, 1964より）

風変わりな「結婚」の中には、自分の精子を袋に詰めて相手に渡すものもある。このような精子の袋は、精莢《せいきょう》とか精包《せいほう》とよばれ、これによる「結婚」の儀式はイカやタコなどで有名だが、わずかとはいえ、後鰓類の中にもこの方法を採用しているものがいる。たとえば、頭楯目のクロヒメウミウシや、ブドウガイの仲間、有殻翼足目のヒラウキマイマイもそうで、彼らは、交接相手に体をくっつけ、精包を相手の生殖門の中にくっつける。ところが、アコクリッド目の種の精包は、場所を選ばず相手の皮膚の上にくっつけられる。そのままでは、精子は相手の体内に入れない。何と精包からは皮膚を溶かす酵素が分泌され、相手の皮膚に穴が開き、そこから精子は相手の体内に入り込むのである。精包型透皮交接ともよべるもので、これまた凄まじいと思わずにはいられない。

交接の集団形成

どんな交接様式をとろうが、「結婚」の儀式にいたるには、その前にもっと重要なことがある。それは、「結婚」相手を見つけることである。社会生活を営むヒトと違って、広い海の中で気ままにくらす動物たちにとって、「結婚」相手を探すのはそんなに容易なことではない。そう聞くと、後鰓類は雌雄同体なのだから、自分の卵と精子を受精させて子づくりできるだろう、仮に相手が見つからなくても大丈夫だと思われるかもしれない。

確かに、雌雄同体性は交接相手を見つけにくい生物で発達しやすいと考えられている。雄と雌が別々の雌雄異体の生物では、他の個体に出会ったとき、その個体が交接相手として適格である、つまり自分と反対の性である可能性は二分の一しかないが、雌雄同体であれば、出会った個体すべてが交接相手として適格である。運悪くただの一個体とも出会えなかった場合でも、最後の手段、自家受精が残っている。しかし、ほとんどの後鰓類は、この最後の手段は使わない。自家受精すると考えられている種は、タマノミドリガイとその仲間、二種のミノウミウシ類ぐらいで、ふつうは、隔離して飼育されると未受精卵を生む。

「いっしょにしてくれて、ありがとう!」といわんばかりに、すぐにくっついて交接をはじめたアメフラシたちの話を思い出してほしい。同じ水槽に入れられただけで、誰が「結婚」相手を教えたわけでもない。彼らは、自分で「結婚」相手を探しあてたのである。アメフラシとアマクサアメフラシを同じ水槽に入れても、それぞれ、アメフラシはアメフラシだけと、アマクサアメフサシはアマクサアメフラシだけとつながって交接をはじめる。このことは、彼らが、近くにいる同種他個体を何らかの方法で識別することを示している。餌の選別、幼生の定着場所の選択の能力を思えば、後鰓類がすぐれた嗅覚のもち主であることは、容易に察しがつく。電気生理の手法によって、アメフラシの触角、口触手は、同種他個体から発っせられる匂い物質を敏感に感じることが確認されている。彼らは、種固有の匂いを頼りに、交接の相手を見つけることができるのだ。

また、嚢舌目のタマノミドリガイは同種他個体の出す粘液の這い跡をたどって、「結婚」にこぎつけることが知られているし、裸鰓目のラメリウミウシの仲間も、このような這い跡追跡をして、交接相手を見つけると考えられている。さらに、無楯目のクロスジアメフラシやフレリトゲアメフラシの仲間などでも、這い跡を利用して、同種個体が集合することが報告されている。このように、海水の中を拡散してくる匂いや、海底につけられた這い跡の道しるべを利用して交接相手を見つけるらしい。

さらに、性フェロモン物質の関与も示唆されている。裸鰓目のミカドウミウシでは、交接中のペアーに、よく第三の個体が近づいてくるらしい。それも、近づいてきたときには、すでにペニスを伸ばしていて交接の態勢に入っているという。ミノウミウシの一種でも、それまで交接ペアーがいた海水に入れられた個体は、交接相手がいなくてもペニスを伸長する。また、カリフォルニアのアメフラシの仲間でも、産卵経験のない個体よりも、産卵中や産卵直後の個体が「結婚」相手として選ばれることが多いという。

体の匂い、這い跡、性フェロモン、これらは、近くにいる交接相手を探し出すには、きわめて効果的だろう。しかし、広い海の中、はるか遠くに隔たる二個体を、いきなり出会わせるほどの力はない。まずは、それなりに近くに集まったものの間で、これらを頼りに最終的な相手探しが行われると考える方が自然である。では、どうやって、それなりに近くに集まるかだが、この点、彼らは、ひとつの方策をもっている。それは、彼らの多くが特定の餌を食べるという性質によっている。自分も、交接相手の候補者たちも、同じ特定の餌を食べるから、餌を探して歩き回っている間に自然と同種個体が集まることになる。こうして集まってしまえば、後は、体の匂い、這い跡、性フェロモンなどを使って、近くのどこかにいる交接相手を見つけることができるというわけである。ヴェリジャー幼生が餌生物に強く誘引される場合には、すでにその段階で同種個体の集合がはじまることになる。このように、後鰓類の「結婚」相手探しの第一段階は、同じ餌を食べることによる集合だろうと考えられている。

「結婚」と子づくり

肌と肌が触れ合うほどに近づき、いよいよ「結婚」のとき、ミノウミウシ類などでは頭部をもち上げたり振ったり、あたかも「結婚」の喜びに打ち震えているかのような素振りが見られることがある。また、頻繁に頭部の触角や頭触手、ときには口で相手の体にさわり、まるで最後の「品定め」でもしているかのような行動をする。このような行動が激しく行われると、はたして喜んでいるのか怒っているのか判断に困ることもある。喜びも怒りも、究極の興奮状態では似たような行動につながるのかもしれない。実際、エムラミノウミウシでは、このような行動は交接前行動ととらえられたり、攻撃行動と解釈されたりしている。この行動の後、エムラミノウミウシはペニスを伸ばし、実際に交接して精子を渡すことが多いのだが、いつも交接するとは限らないのである。しかも、交接後、お互い、あるいは、どちらか一方が、相手をかじったりすることまで見れば、確かに判断に迷ってしまう。

交接は、ゆっくり時間をかけて行うもの、あっという間に終えてしまうものなど、さまざまである。時間の長い例では、アメフラシ類の数日間つながったチェーン交接の報告がある。私自身が観察したもので、もっとも長い交接をしたのはホウズキフシエラガイ。夕方から交接がはじまり、夜の一〇時になっても一向に終わる気配を見せない。あきらめて帰宅し、翌日八時に実験室をのぞいたときも、前夜と同じ場所に、同じ姿勢でじっとしていた。その後、昼過ぎにのぞいたときには、さすがに離れていたが、優に一二時間以上は交接していたことになる。裸鰓目のミカドウミウシやアダラリア・プロキシマの二四時間以上という報告があるし、裸鰓目のドーリス類では、数時間ぐらい交接するものがけっこういるという。

一方、非常に短い交接時間をもつものもいる。エムラミノウミウシが、その代表で、先に述べた「交接前行動」が一、二分続いた後、交接そのものは平均約四秒で終わってしまうという。私自身が観察したフタスジミノウミウシの交接も短かった。このミノウミウシ、そもそも、なかなか交接のシーンを見せてくれない。狭い容器に二個体を入れれば、きっと「いっしょにしてくれて、ありがとう!」と、さっさと交接してくれるだろうと思ったのだが、容器の中で出会うたびに、背側突起を逆立て反応はするものの、交接にはいたらない。一日中見ているわけにもいかないので、コマ撮りでビデオ録画をして交接のようすを拝もうとしたのだが、これも失敗。今度は覚悟を決めて長時間連続で、実体顕微鏡をのぞくことにした。このようにして、ついに交接のシーンを拝めたのだが、それは数秒続くか続かないかのあっという間のできごとだったのである。コマ撮りでは写り込まないはずだ。さらに驚いたのは、固定標本の解剖知見からはとても想像できないような、象の鼻のようなペニスが勢いよく飛び出してきたかと思うと、互いにそれを絡め合い、あっという間にそれぞれの体にしまい込んだのである。あまりにも一瞬の出来事だったたし、あまりにも変わった交接だった。膣口のそばについていた小さな塊が精子の塊であることを確認してはじめて、その絡め合いが交接だったことを確信できたほどである。ペニスの格納によって、長いペニスまわりに付着した相手の精子を自分の膣口から受精嚢に送るという仕組みらしい。

このように、後鰓類の交接時間は、数秒と非常に短いものから、数日という長いものまでいろいろである。もちろん、数分、数時間といった「あたりまえ」の長さのものも、たくさんある。アメフラシ類のように、おとなしく動きもゆったりとしたものが交接長時間記録をもっているのも、なるほどと思えるし、逆にエムラミノウミウシのように、攻撃的で気性の激しいものが極端に短い交接をするのもうなずける。交接にも、種それぞれの生き方が大きく関係しているように思う。

交接がすめば、体内での子づくりがスタートする。多くの後鰓類は、最初の交接の後、産卵を開始した後も何度か交接を繰り返す。このとき、「結婚」相手は、交接のたびに違うのがふつうであるが、なかには、一度選んだ相手とはしばらくいっしょにくらすものもいる。サンゴの上にすみ、それを食べてくらすジライヤウミウシとその近縁種が、そのような行動を見せるらしい。「ウミウシの愛」には、まだまだ、知られていない数々の物語が隠されているに違いない。

ウミウシの一生はめぐる

子づくりがはじまり、新しい卵塊が生み出されると、ウミウシの一生は完結する。思えば、卵塊の中での初期発生をへてヴェリジャー幼生になり、その姿で卵塊から泳ぎ出たもの、もうしばらく卵塊に留まって這い出してきたもの、いろいろあった。ヴェリジャー幼生で泳ぎ出たものは、長短さまざまな旅をして、変態の場所を求め、それぞれの方法で種固有のウミウシの「かたち」に変態した。旅の間に多くの仲間が、魚や、動物プランクトンの腹の中に消えていった。

変態しておとなへの道を歩みはじめてからも、危険とスリルに満ちた日々。その日々を無事生き延びて、めでたく「結婚」の儀式にまでこぎつけられたものは、本当にひと握りの超幸運なウミウシたちだけである。そのウミウシたちが、いま、また新しい命を生み出している。卵塊の中で、卵は二つに割れ、四つになり、新たなウミウシの一生がはじまった。こうして繰り返される生の営みの中で、それぞれの生き方を見つけてきたウミウシたち。悠久の時間をこえて守り続けたものもあれば、捨てたものもある。ウミウシの一生を振り返るとき、彼らの祖先が歩んできた道に想いをはせずにはいられない。

4章

ウミウシへの道

巻貝と後鰓類

予備知識

　これまで後鰓類のくらしや一生を紹介してきたが、そろそろ、彼らの進化のことをお話したいと思う。それぞれユニークな行動や生態を見せる後鰓類たちが、どのような進化をとげて現在のような姿になったのか、それは彼らのくらしや一生と同じくらい、とても興味深いことだからである。しかし、そのためには、一章で大急ぎで行った登場人物ならぬ登場後鰓類の横顔紹介だけでは、どうにも不十分である。彼らの進化の跡をたどるには、もっと詳しく体のつくりを知る必要がある。

　後鰓類の体のつくりを理解するには、いくつかの基本的な事柄を知っておかなければならない。そのためには、後鰓類と同じように海にすむ、そして後鰓類より原始的な、いわゆるふつうの巻貝のことを知っておくといい。後鰓類を理解するための予備知識を得る。そのための教材は、ふつうの巻貝なら何でもよい。すこし大きめの種類の方がわかりやすい。和食の一皿にのるような、なじみの深いバイという名の巻貝を一個もってきて、まずは、ふつうの巻貝を見てみよう。

バイの体を外から一望

生きたバイでは、貝殻の外に出ている軟体部分だけで、次のような部位を容易に観察することができる（図19）。頭部に一対の触角。触角のつけ根には小さな眼があって、しっかりこちらを見ている。わずか前方腹側には小さな口がある。口道の奥には歯舌が隠されているが、これはバイが「歯をむく」ときに、外からでものぞくことができる。腹足は幅広く、這っているときにガラスごしに見ると、ウミウシの足の裏そのものだ。頭の左前からは、水管を一本の煙突のように突き出してゆっくり動かしている。

ここで、バイを麻酔する。麻酔がよく効くと、弛緩《しかん》したバイは次第に頭の部分を大きく外へ出し、頭と腹足とが連続した一体のものであることを教えてくれる。大きくはみ出した頭の上の皮膚を前方から貝殻の中にそのままたどっていくと、そこは小さなポケットのような空所になっている。空所の天井部分は、いっけん、貝殻の内側表面が露出しているように見えるが、注意深く観察すると、そうではなく、殻の奥から張り出した軟体部分がその全面に薄く張りついていることがわかる。この貝殻に張りついた薄膜は「外套《がいとう》」とか「外套膜《がいとうまく》」とよばれる。

外套は、内臓のある部分を中心に、ほぼ全身を覆っている筋肉質の膜、特殊な皮膚のようなものである。この外套の前縁である「外套縁」が貝殻の入口の縁にぴったり沿って、ここで貝殻をつくり続ける。

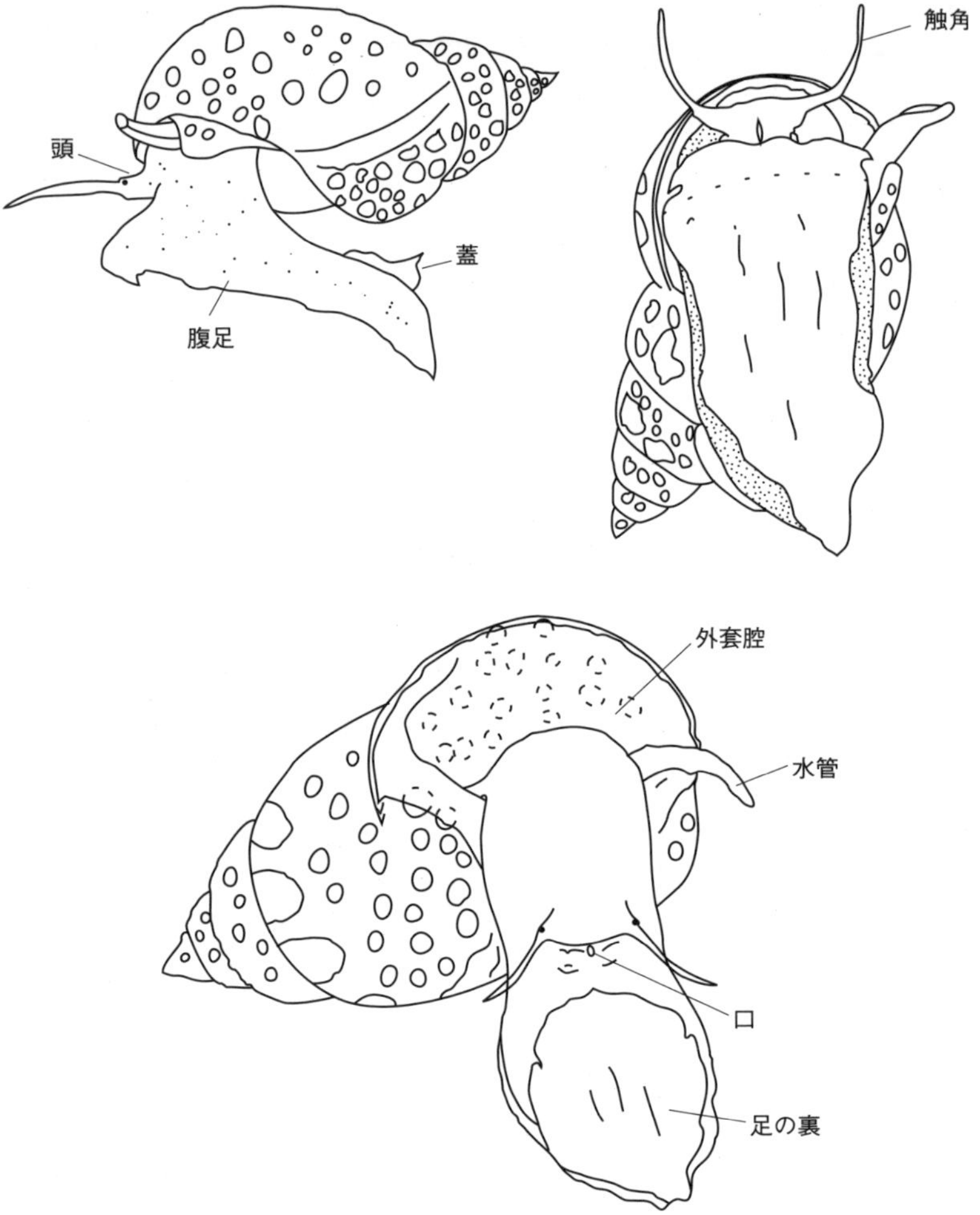

図19　バイの外形，３態

以前、臨海実習で、巻貝が貝殻をつくるメカニズムについて話したときのことである。「えーっ、巻貝は体が殻の中に入っているだけじゃなくて、自分で殻をつくるんですか！」と、こちらが困ってしまうような感動をしてくれた学生がいた。一瞬、からかっているのかなとも思ったので、「それじゃあ、貝殻は神様がつくるとでもいうのかい」と尋ね返してみると、不思議そうな顔をして私のことをじっと見る。どうやら、テレビか何かで見たヤドカリの殻換え行動の印象が強かったのだろう。巻貝はヤドカリではない。自分のお家は自分でつくる!!

先に述べた小さなポケットのような空所は、外套で囲まれた空所という意味で「外套腔《がいとうこう》」と名づけられている。この空所の大部分が貝殻の中にあることから、外套腔は貝の体内であると錯覚する人がいるかもしれない。しかし、外套腔は、あくまでも体外である。煙突のような水管も外套の端の一部が伸び出して、くるっとカールして筒状になったものである。バイが海中を這って歩くとき、体外である外套腔の中は、もちろん、海水でいっぱいに満たされる。この海水の取り入れ口が、この水管である。

外套腔は一階の窓

さらに麻酔が効いて、バイが貝殻から大きく体を伸び出してきたら、貝殻とつながっている筋肉をそっと切る。すると、バイの「中味」全体を貝殻から完全に取り出すことができる（図20）。螺旋状に巻

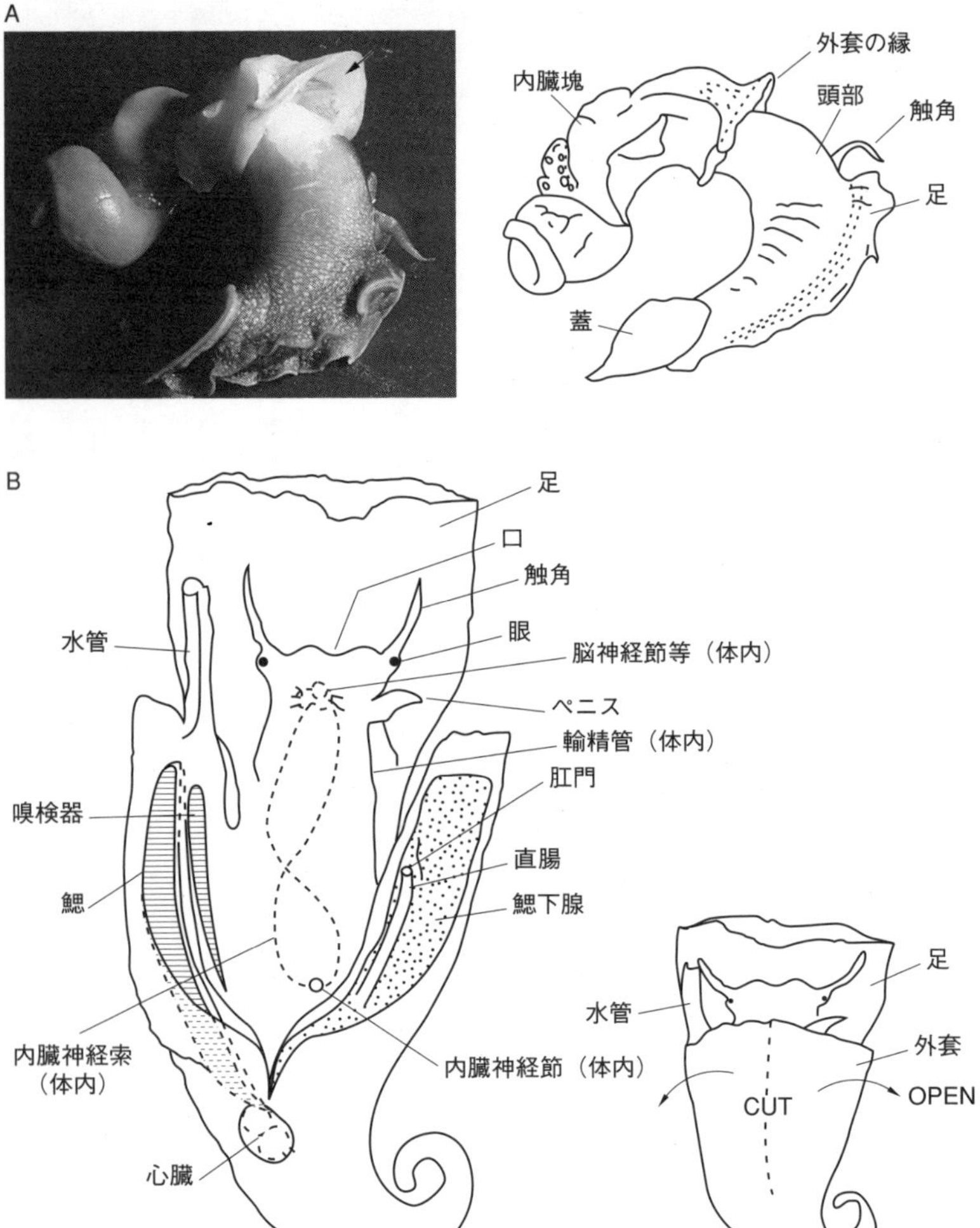

図20　(A) 貝殻から取り出したバイの軟体部の線画と写真（矢印は外套腔の位置を示す）．(B) バイの外套腔の中のようす

いて貝殻の中に入っていた部分が全部外に出てくると、「巻貝って、こんなかたちをしていたのか」と意外に感じられるだろう。貝殻の中に入っていた部分は、ちょっと長めで、その前の方に頭と腹足がある、その姿はまるで違う動物に見える。

外套腔の中のようすを奥の方まで見たければ、はさみで外套に縦に切り込みをいれて左右に開く。すると、外套腔の中が、ただの空間ではなく、そこに何やらいろいろな構造があるのがわかる。しかも、それらの構造のほとんどが外套の天井に張りつくように、整然と配置されている。

体の左にある水管側から嗅検器《きゅうけんき》、鰓《えら》、鰓下腺《さいかせん》、肛門《こうもん》が並んでいる。嗅検器はバイの化学受容器、鰓はもちろん呼吸のための器官。鰓下腺というのは、外套腔の中に入ってくる海水中の懸濁物（肉食のバイにとっては、ゴミ）を固めて捨てるための粘液を分泌する。肛門には直腸がつながっている。直腸は割合に太いのですぐにわかる。頭部右側を縦に走る管は生殖器官につながっていて、雄であれば輸精管《ゆせいかん》、その先端にはペニス、雌であれば、それは輸卵管《ゆらんかん》で末端は膣口である。バイは後鰓類と違って、雌雄異体である。

なぜ、「外套腔」に、こんなにも多くの構造があるのか。それは、巻貝の入口、つまり殻口がひとつで、奥がとどのつまり、という巻貝の特殊な構造と深く関係している。巻貝のてっぺんには、穴など開いていないのだ。頭と腹足がある部分、ここを巻貝の一階とよぶならば、貝殻の中が二階部分で、ここにすべての内臓、つまり、心臓、腎臓、胃、中腸腺、精巣または卵巣などがおさめられている。二階部分は、貝殻の堅いガードの中、窓はない。その下、殻口の直下にある外套腔は、いうなれば一階の窓、そして、さらに下にある口が、入口というところだろう。

口からものを食べたら、いつかは糞として排泄する。巻貝の奥に出口がない以上、肛門も貝殻の入口にもってこなくてはならない。奥へ奥へと消化管が伸びてそこに肛門を開口してしまっては、貝殻の奥は収拾がつかなくなる。腎臓からの排出も同様だ。また、鰓を通して呼吸するためには、鰓をいつも外界からの新鮮な海水の中に置く必要がある。餌探しをするうえで海水中の匂いを探りあてる嗅検器も、できるだけ新鮮な海水に触れられる場所にもつことがたいせつだ。外套の端を筒状に仕立てた水管が導水口《どうすいこう》である。外套腔内では、水管から最初に取り入れた新鮮な海水の匂いを嗅ぎ、それでガス交換をし、次に海水中の粒子で外套腔の中が汚れないように粘液で固め、排泄物といっしょに外へ流し出していく一連の流れ作業が行われる。一階の窓、外套腔は、何とも、うまくできた「集中処理施設」である。

前窓とねじれ

一階に頭と腹足、二階に内臓、そして二階はつねに貝殻の中、口が玄関で、外套腔が窓、これが巻貝の基本的な姿である。頭の上にある外套腔は、窓は窓でも前窓である。肛門も、その中にある。ということは、口も前なら、肛門も前。これは、相当におかしい。前に口、後ろに肛門、これがふつうである。なぜ、巻貝はおかしなつくりになっているか？　実は、巻貝では、二階部分の内臓塊の向きが、一階の頭と腹足に対して前後逆向き、つまり一八〇度ねじれたような格好になっている。そのため、口も肛門も、ともに前を向くことになった。もとは同じ向きを向いていた一階と二階がねじれただろうということを教えてくれるのは、頭の方にある神経節と内臓の方にある神経節を結んでいる連絡（内臓神経索とか内臓神経ループとよばれる）のようすである。左右対象の動物では、こういう神経索はふつう体の前後にまっすぐに伸びているのだが、バイではこれがねじれて8の字型になっているのである。

巻貝は、ねじれている。このねじれが話題になると、これと巻貝の巻き、つまり、螺旋のことを混同してしまう人がときどきいる。頭と腹足のある一階に対する二階の内臓塊の一八〇度のねじれは、貝殻および内臓部分の螺旋と密接に関連はしていても、同じことを指してはいない。ここでいうねじれは、りっぱな学術用語で、巻貝の体全体のつくりに関わる重要な特徴なのである。

さて、動物界広しといえども、ねじれは軟体動物腹足綱にしか見られない、きわめて特異な体のつくりとして知られている。どうして巻貝の体はねじれたか。このことは多くの動物学者の興味と関心を引きつけてきた。そして、これまでにさまざまな説明が考えられてきている。たとえば、ねじれたおかげで外套腔が前を向く。すると鰓が前を向くので、前進するときに新鮮な海水に接しやすくなり呼吸に好都合であろう、というもの。また、ねじれたおかげで、二階部分にある神経節をすこしでも頭部近くの神経節に近づけた、すなわち、内臓神経節をすこしでも体の前にもってこようとしたというもの。こうすれば、神経索の長さをすこし短くすることにつながりそうである。さらに、外套腔という空所を頭のすぐ奥に用意することで、その中に自分の頭と腹足全部を必要に応じて収納し、足の背にのせている蓋で完全に閉じ、貝殻の中に引きこもってしまうことができる、というもの。これは巻貝が殻の中にこもった姿である。こうすれば、たとえ恐ろしい捕食者が攻撃してきても、ドア（蓋）を閉めて対応できるし、周囲の塩分濃度や水温の急激な変化があっても、また空気中へ放り出されたり、有害な化学物質にさらされたりしても、貝殻の中に引きこもってそれらをやりすごすことができる。しっかりした貝殻と蓋をもっている者だけがもつ強みである。さらに、水力学的な観点からねじれを説明したものでは、もし「外套腔」が頭の上になくて体の後方にあると、背が高くなった重い貝殻を背負う重心の位置が体の前方にきてしまい、バランスがとれなくなり、行動も運動も大いに妨げられる、というのがある。そうならないためにねじれた、という。どれも一理ありそうで、そして本当のところは誰にもわからない。わからないが、とにかく、バイをはじめ大多数の巻貝は、ねじれている。

巻貝の「外套腔」、「一階と二階」、そして「ねじれ」。これだけ知っただけでも、巻貝の理解は、かなり深まるだろう。バイの生殖巣は、螺旋に巻いた軟体部の上の方にある。バイは雌雄異体であるので、生殖巣は雄では精子をつくる精巣だけ、雌では卵をつくる卵巣だけである。雌雄同体のウミウシでの卵精巣とは違っている。

バイの幼生

バイも交接をして、その後、卵塊を生みつける。卵塊の形状は後鰓類が生むものとはずいぶん違っているが、とき至りて、ふ化してくるのは、やはりヴェリジャー幼生である。ねじれた親バイから生まれるバイの子ヴェリジャー、やっぱりねじれているのだろうか、それが知りたい。

そこで、卵塊からふ化してくるバイの幼生の姿を見てみると、基本的には後鰓類のヴェリジャーと同じようなつくりをしているのがわかる。貝殻の口から、こちらに向けている泳ぐための一対の大きな扇状突起、これは例の面盤。左右の面盤の間には餌となる植物プランクトンを吸い込む小さな口がついている。その口から消化管をたどっていくと、奥の胃から前の方に曲がってきて肛門が頭の上に出てきている。あっ、やっぱり、ねじれている！　でも思い出してみると、このねじれた消化管のようすは、ウミウシのヴェリジャーでも同じだったじゃないか。そう、腹足綱の幼生は、誰もがねじれているのである。

巻貝独特のねじれは、卵の発生開始からふ化までの間に生じることが知られている。だから、ヴェリジャー幼生として泳ぎ出すときには、すでに体がねじれているのだ。ねじれ開始から終了までに要する時間は、短時間ですむものもあれば、ゆっくりと時間をかけて進むものなど、巻貝の種によっていろいろあるらしい。ただし、ねじれの回転方向は皆同じで、貝殻の上から見ていつも反時計回りである。こうして内臓部分を一八〇度ねじることによって、小さい体は小さいなりに、殻口のところに、りっぱな「外套腔」ができ上がる。前面の面盤を使って海水中を活発に泳ぎ、必要に応じて面盤と足を外套腔内にしまい込み、一人前に蓋を完全に閉めることもできる。

外套腔の天井の端は、特別な貝殻分泌細胞から新しい貝殻をつけたしていく重要な役割もになっている。バイの幼生は、軟体部を成長させながら、それをおさめるだけの貝殻も増築していく。やがて、定着したバイの幼生は、そのまま幼生の殻をもち続け、それを巻貝らしく螺旋しながら、次第に膨らんだ貝殻をつくって成長していく。この間、外套腔の位置は変わらない。つねに殻口のすぐ内側、頭の上で前を向いたままであり続ける。つまり、バイでは、ヴェリジャー幼生期におこったねじれの状態が生涯変わることがない。

いよいよ後鰓類

巻貝の外套腔、その位置と中の構造、体のねじれと幼生のときからのかたちづくり。なるほど、螺旋に巻いた貝殻にすみ、それを自ら大きくしながら成長する巻貝ならではの姿が見えてくる。さて、後鰓類も巻貝の仲間であるならば、やはり外套腔をもっているはず。それなのに、一章「ミノウミウシの体内めぐり」のところでは、そんな名称は一度だって登場してこなかった。ミノウミウシに外套腔はないのだろうか。アメフラシにも外套腔がないのだろうか。ということで、外套腔を手はじめに、いくつかの種類で後鰓類の体のつくりを眺めてみることにする（図21、22）。

外套腔がきっとあるぞ、と思えるのは、いちばん巻貝らしい姿をした頭楯目のオオシイノミガイ類だろう（図21A）。この類は、まだ、蓋さえもっている。この類の外套腔は、バイと同じように貝殻の前方に向いて開いている。ところが、中の構造を見ると、だいぶようすが違っていて、鰓の位置が外套腔の右側（上から見て）によっている。外套腔内左寄りに鰓があったバイとは、顕著な違いである。そして、肛門も、バイより後ろ寄りにある。

同じ頭楯目でもブドウガイのように薄い卵型の貝殻をもつものでは、外套腔は、もう前方でなく、ほとんど体の右横に向いて開いている（図21B）。そして、右に向いた外套腔を追うように、鰓がさらに右によっている。肛門の後方移動もオオシイノミガイ類より、一段と進んでいる。キセワタガイになると（図21C）、貝殻が軟体部の中に埋没して、外からは見えなくなる。キセワタガイの外套腔は、この貝殻の下にあり、その中で鰓は、後ろ向きについている。肛門は体の後部のロケット噴射口のようになった覆いの中に開く。

無楯目のアメフラシにも外套腔はある（図22A）。ただし、アメフラシ類の外套腔は、両側から伸び上がっている側足に包まれて、ふだんは見えにくい。側足をめくってみると、外套に覆われた薄い貝殻があり、その右側に沿うように長い鰓がついていて、肛門はその後ろにある。肛門を囲むように、外套

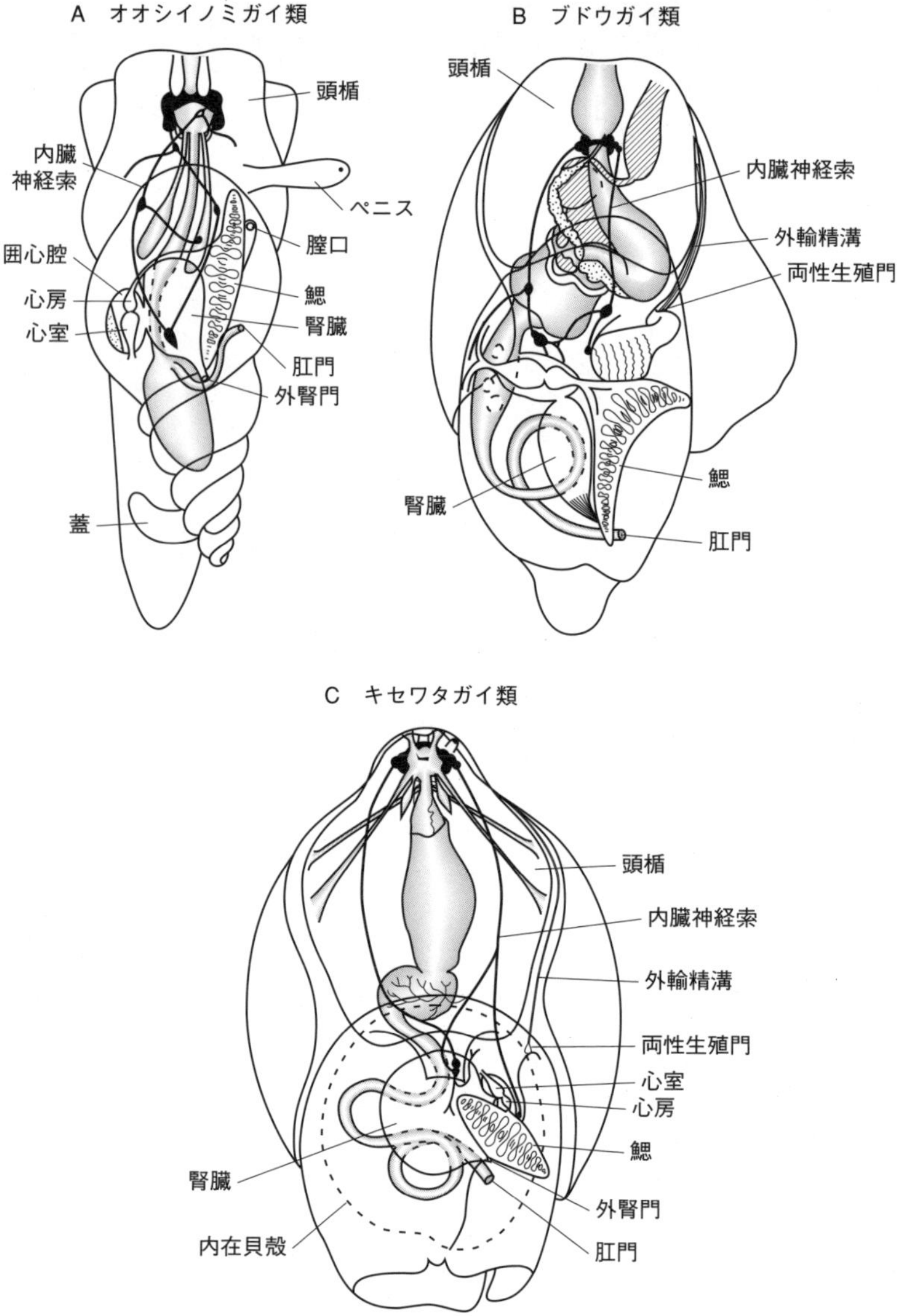

図21　後鰓類の体のつくりⅠ．（A）頭楯目オオシイノミガイ類，（B）頭楯目ブドウガイ類，（C）頭楯目キセワタガイ類．（Thompson, 1976より改変）

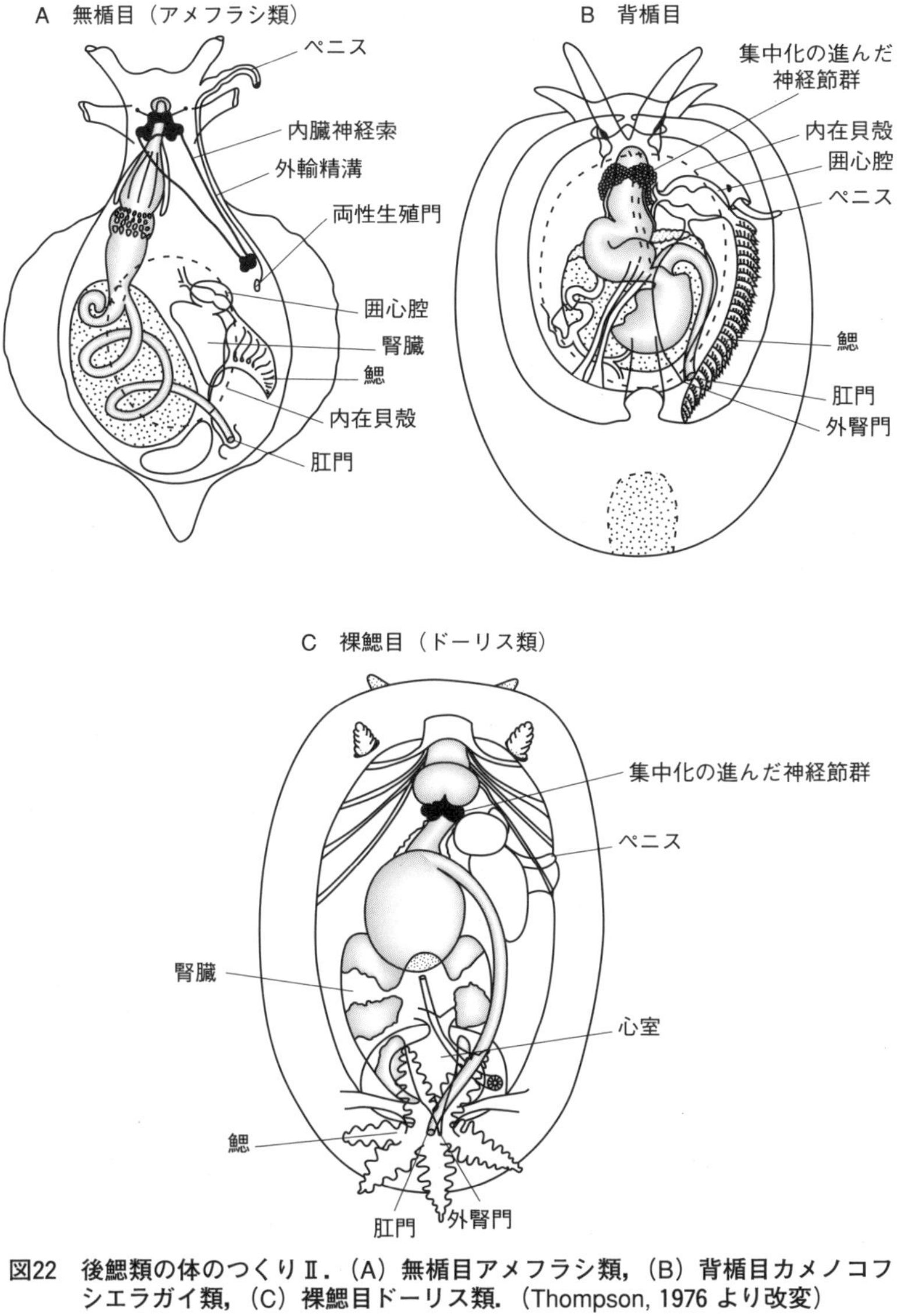

図22　後鰓類の体のつくりⅡ．（A）無楯目アメフラシ類，（B）背楯目カメノコフシエラガイ類，（C）裸鰓目ドーリス類．（Thompson, 1976 より改変）

がめくれ上がり短い水管状構造をつくっている。腔内を流れる水は前から後ろに向かい、その水管状構造から排泄物が後ろ上方へと出されるようになっている。ふつうの巻貝の水管と違って、アメフラシ類の水管状構造は導水口でなく、出水口である。アメフラシのめくらましの紫汁も外套腔の中の紫汁腺から分泌され、その水管状構造を通して海水とともに噴射される。

背楯目（図22B）では、大きく張り出した背楯と幅広い足との間が溝のようにくびれていて、いっけん、外套腔のように見える。しかし、この溝は体の左右両側にあり、しかも右側がとりわけ大きいわけでもない。この溝が、外套腔とよべるものかは疑わしいが、そこには、鰓と肛門が前後に並んでいる。

裸鰓目のドーリス類では（図22C）、鰓が背中にむき出しで丸見えである。鰓はあっても、その周囲は背中の上、どう見ても外套腔とはよべない。さらに裸鰓目のその他のグループの多くの種では、鰓とよべる構造そのものがなく、外套腔らしいものもまったくない。また、嚢舌目でも貝殻をもたない種は、外套腔とよべる構造をもっていない。

ふつうの巻貝のシンボル、外套腔。後鰓類では、それをもたないものがたくさんいる。また、もっていても、巻貝と同じように体の前にもつのは、オオシイノミガイ類やマメウラシマガイ類ぐらいで、ほとんどのものでは、体の右側に位置している。さて、バイで見られた体内のねじれは、どうなっているだろう。バイでは内臓神経ループが8の字型をしていて、体のねじれを示していた。これと似た神経の状態は、頭楯目のオオシイノミガイ類、マメウラシマガイ類と無楯目のウツセミガイ類で見られる。ところが、頭楯目でもブドウガイ、キセワタガイ、ニシキツバメガイなどや、無楯目でもアメフラシ類になると、神経ループは、8の字型でなく、ただの輪になっている。外套腔が右に移動した結果、ねじれがほどけたようだ。

さらに、無楯目のフウセンウミウシ、嚢舌目の殻をもたない種、さらにすべての背楯目と裸鰓目では、ほどけたループ自体が極端に短くなり、神経節のすべてが体の前方に集中するようになっている。そして、その集中した統合的な神経節から直接、指令が体のすみずみまで送られる中央支配体制が整っている。背中に背負った貝殻が完全になくなって、二階部分にあった内臓塊が一階に降りてきた。そのため、さらに神経節の集中化が進んだように見える。実際、神経節の融合は、裸の後鰓類でいちばん進んでいる。

鰓にも注目したい。外套腔が右に向くのにともなって、鰓も肛門も体の右横や後ろの方に位置するようになり、そのため鰓が心臓より後ろにくることになった。「後鰓類」の名前は、この鰓が心臓より後ろに位置するという状態を指して名づけられたものである。バイでは、前方の外套腔に鰓を突き出した格好になっているので、鰓が心臓より前、すなわち「前鰓類」のかたちである。「前鰓類」は、腹足綱の三大分類群のひとつとして、長く、かつ、広く使われてきた名称である。しかし、その分類体系の問題点が指摘されてから、以前に比べて使われる機会が少なくなってきたが、後鰓類との比較をするときは、なかなか便利である。それはともかく、ドーリス類のような目立つ鰓を背中の後方にもつものだけでなく、外套腔の中に鰓をもつものも皆、「後鰓類」であることを再確認してほしい。

後鰓類の幼生

種によってさまざまであるが、後鰓類の成体のつくりは、バイといろいろな点で違っている。しかし、ふ化したてのヴェリジャー幼生を比べると、体内の構造は基本的に同じである。それでは、成体はどうして異なった姿になっているのだろう。そういう疑問がわいてくる。実は、後鰓類のヴェリジャー幼生は、変態する段になると、もう一度おかしな動きに出る。ヴェリジャー幼生の一八〇度左回りにねじれた姿から、今度は右向きにねじれはじめるのだ。あとからねじり戻すくらいなら、はじめからねじらなければよかっただろうに！　ご苦労なことだと思う。しかし、これも系統の制約とよばれるものである。先祖がやっていたことをやらないことには、先に進めない。

いったんねじれた体がふたたび右回りにねじれ戻る。これが、「ねじれ戻り」とよばれる現象である。この戻りの角度をいろいろにとり、外套腔の位置を頭の前方向から体の右横方向、さらに後方へと、さまざまな位置に変え、さらに軟体部の各部位に成長の違いを加えることによって、それぞれの後鰓類独特のかたちをつくりあげていく。ねじれた巻貝の姿から、左右対象に近い姿へと変身することを可能にしたねじれ戻りであるが、そのようにしてしまって問題はないのだろうか。確か、「ねじれる理由」があったのでは？　ねじれ戻ってしまっては、外套腔の中に頭と足を収納し貝殻の中に引きこもるという、巻貝ならではの芸当がむずかしくなりはしないか。そのとおりである。外套腔がどんどん右向きに移動すれば、もう、容易には殻の中に引きこもれない。しかし、それは、覚悟の上だろう。外套腔の向きを変えるだけでなく、体全体に占める貝殻の大きさが、だんだん小さくなっている。こうなれば、そもそも外套腔内に軟体部全体を収納すること自体がむずかしくなる。外套腔が前にあっても、すっかり引きこもることは、もはやできない。確かに、貝殻は外敵から身を守るたいせつな鎧だった。しかし、それなりに丈夫につくったはずの殻も、カニの鋏でベキッ、ブダイの歯でパキッ。決して完璧ではない。こうなれば、窮屈な思いをしながら、殻の中にこもろうなどと思わず、殻口も大きくし、貝殻から大きく体を伸び出して、別の生き方をしよう！

貝殻なくしの術

貝殻をいっさいもたない後鰓類、あるいは体の内部に貝殻を隠しもって裸になった後鰓類。それらでは、別の生き方をする「決断」が、もっとはっきりしている。ねじれ戻っただけのものとは、変化の程度が違う。貝殻をつくり続ける保守派は原始的、その対極にある裸が派生的と考えられている。裸になった彼らは、外套の表面に捕食者が嫌う化学物質を分泌する腺細胞をもったり、餌から色素を取り込んでカモフラージュしたりという工夫を怠らなかった。この工夫は、まだ貝殻をもっている種で、すでに

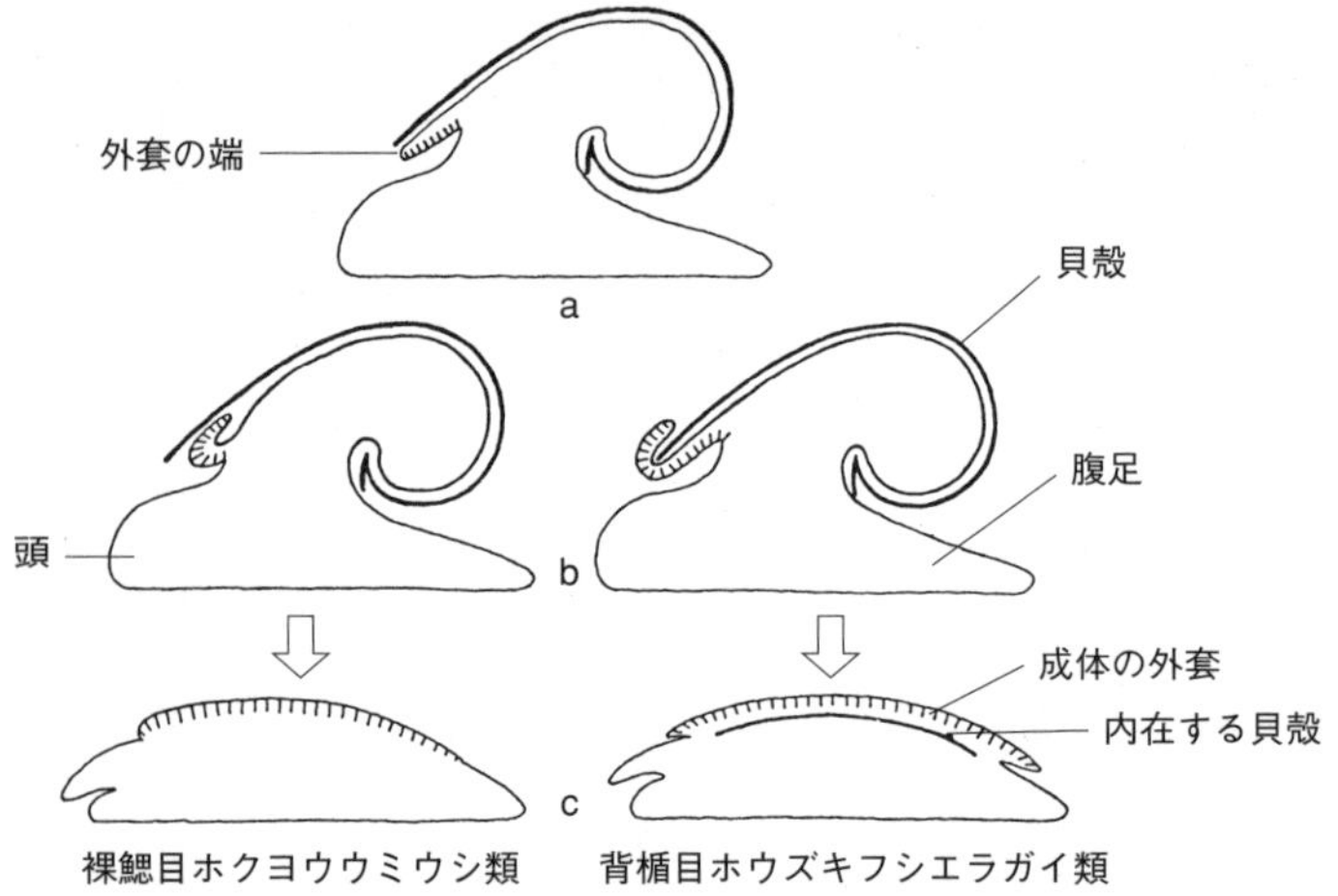

図23　幼生からの貝殻なくしの２つのパターン．上の図は，ヴェリジャー幼生の共通の姿．左側は外套の端が貝殻内を後退して貝殻を脱ぐ例で，右側は外套の端が貝殻の外にめくれあがって包み込む例．（Thompson, 1962より）

はじまっている。貝殻をもつ後鰓類は、外套腔の中に悪臭腺とよばれるものをもっている。堅い貝殻に頼らず素肌で勝負。そんな後鰓類の生き方のシンボルが「貝殻なくし」だ（図23）。

背楯目のホウズキフシエラガイやウミフクロウのやり方は、幼生が殻を完成させると外套縁が貝殻の端をこえてめくれ上がり、上から覆い隠し、貝殻を包んでいくという手順をとる。成体になってからも体内に残したままにするものと、貝殻がいつのまにか消えてなくなるものとがある。消失するのは、軟体組織中に吸収されるものと考えられる。殻が体内に残ろうが消えようが、とにかく外から見た姿が裸であることに変わりない。頭楯目の多くの種で見られる殻の内在化や殻の消失も、これと似たやり方で進むものと思われる。

一方、裸鰓目や嚢舌目のやり方は、ヴェリジャーの貝殻を本当に脱ぎ捨ててしまうというものである。ふ化後しばらくは、殻を成長させるものもいるが、幼体になるための変態準備が整うと、貝殻づくりは完全にストップする。すると、外套の天井が貝殻の奥の方へと後退しはじめるのだ。これはホウズキフシエラガイやウミフクロウの場合と、まったく逆方向への外套縁の動きである。外套の天井が十分に後退すると、準備完了。帽子を脱ぐように殻を脱ぐ。脱いだ直後は、内臓部分がこんもりと盛り上がっていて、そこが貝殻の中にあったことがよくわかる。このあと、十分に体を伸ばすと、ようやく縦に長く背の低いウミウシらしいかたちへと変わる。殻を脱いだばかりのときは、まだ、どれも似たりよったりの貝殻をなくした巻貝のかたち。ミノウミウシ類の背側突起なども、やっとそれとわかるものが一対か二対あるだけである。ドーリス類でも、背面に回りこんできた肛門のまわりに最初はなにもない。成長とともに、やがて、花びら状の鰓が肛門を取り囲むように生えてきて、それぞれの種特有のかたちになる。

雌雄同体器官の多様性

そもそも、繁殖様式を腹足綱全体の流れで見ると（図24）、アワビやサザエの原始的で簡単な体外受精にはじまり、バイのように体内受精へと進化する方向がある。体内受精にはなっても、ふつうの巻貝

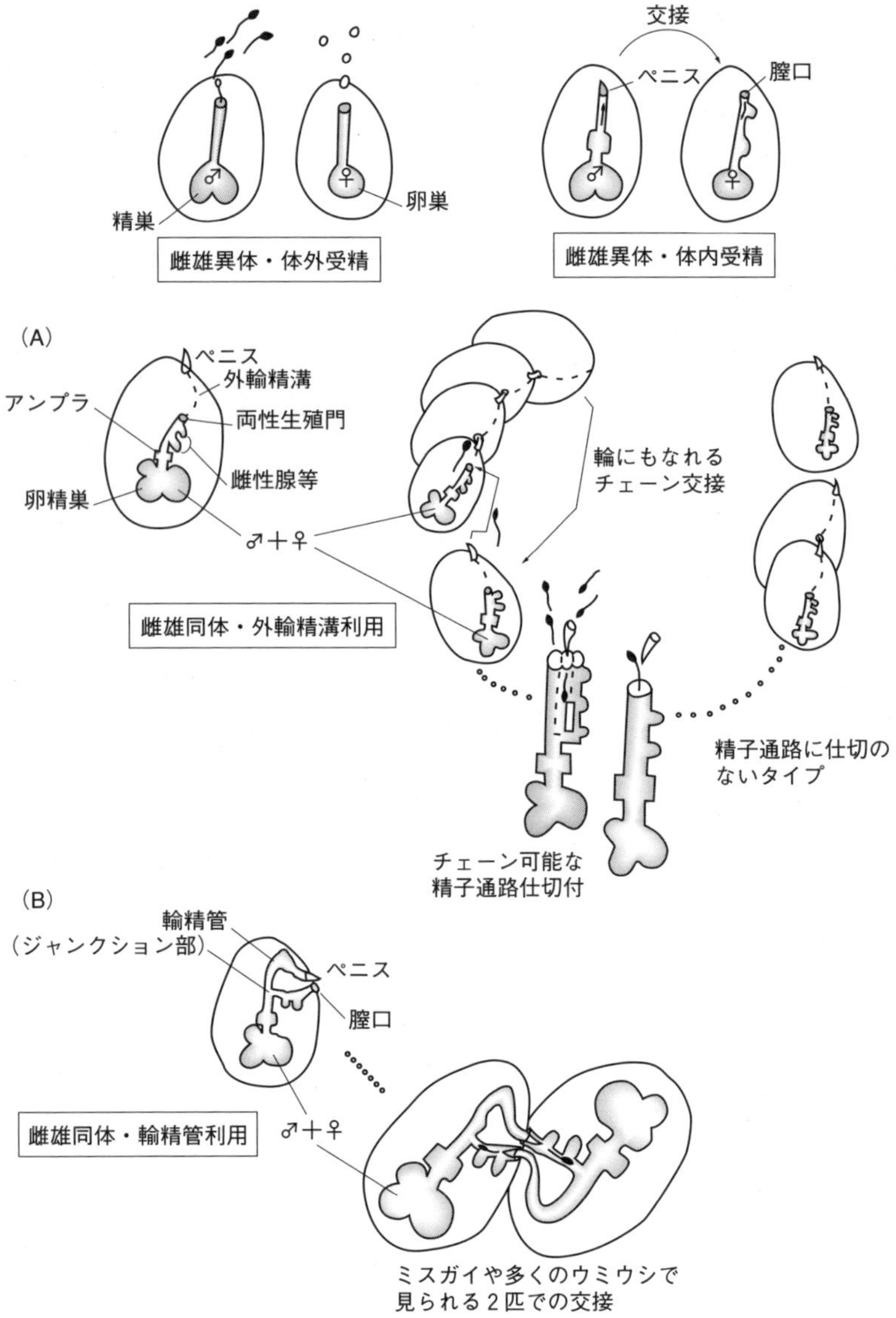

図24　腹足類の生殖器構造の多様性と後鰓類の生殖行動様式例の概念図．(A) 外輪精溝を利用する直列交接 (チェーンになれるものと，なれないもの)．(B) 輸精管を利用する精子交換型交接

のほとんどは雌雄異体である。体外受精では、卵巣あるいは精巣から簡単な管を使って、海水中に卵や精子を出しさえすればいい。体内受精でも、雌雄異体なら、雌ではペニスの受け口である膣口を卵巣から続く管の先に用意し、雄はペニスを精巣から続く管の先に備えればいい。しかし、これが後鰓類のように雌雄同体となれば、膣もペニスも両方必要。しかも、卵も精子もつくれる生殖巣が必要である。それらを、どのようにつなぐかという課題も生じる。当然、構造が複雑になる。

まず、管が一本のもの。これで単純に管の先に直接ペニスをもってしまっては、管の口はいつも塞がれ、相手からの精子ももらえないし、産卵もできなくなってしまう。管の口がひとつしかなければそこは必ず空けておいて、ペニスだけ離れた場所に備えるようになっている。そして、管の口とペニスの間を体表の溝で連絡している。相手に精子を渡すときにだけ管の口から溝を通して精子をペニスに送ればよく、自分が相手から精子を受け取るときは、管の口に相手のペニスを入れてもらえばいい。一本の管しかなければ、これ以外に、交接で雌雄両方の役をこなす方法はないのである。このような一本管生殖器構造は、キセワタガイ類など多くの頭楯目の種に見られる（図24A右）。

無楯目は、いっけん似たような一本管だが、卵の通り道がいったん分離し、あとから再び一本に合一するという複雑な構造になっている。太い管の中には仕切が形成され、他個体からもらう精子と自分から送り出す精子は別々のルートを通るようにできている。このため次々につながって長いチェーンになっても、前の個体に精子を送り出しながら、後ろの個体から精子をもらうという特別な芸当ができるようになっている（図24A左）。体表の溝は、自分の精子をペニスの先端に運ぶためだけでなく、卵塊を送り出すときにもガイドラインとして利用される。

生殖輸管を二本管構造とし、一本の管を自分の精子を送り出す用途専用にしたもの、つまり輸精管をもつものは、頭楯目のオオシイノミガイやミスガイ、背楯目、嚢舌目、裸鰓目と、いろいろな分類群に広く見られる（図24B）。この方式では、雌性の領域、つまり他個体から精子が送り込まれる膣道と産卵するときの産道がいっしょになっているものと（つまり全体で二本のまま）、分離しているものとがある（これだと全部で三本）。交接しながら産卵するというものは、まずいないと思われるので、自分の精子を送り出す管を独立させておきさえすれば、総計が二本でも三本でも機能は変わらないと思われるが、この数は分類学的には注目されている。ドーリス類は、三本型。ドーリス類以外の裸鰓目と背楯目フシエラガイ類は、二本型か三本型、背楯目でもウミフクロウ類は、皆二本型である。嚢舌目の生殖器はふつう二本管であるが、体の決まった位置で透皮交接が行われるアリモウミウシでは、その部位から膣道がのび、三本管になっている。

後鰓類のキーワード

ふつうの巻貝の代表として観察したバイ。一階には頭があって腹足があり、その上の貝殻の中には、内臓の集合した二階部分があった。殻口の近く、頭の上には、外套腔とよばれる空所があって、いざというときは、頭と足をその中に引き入れ、蓋を閉じて、完全防備態勢に入れるようになっていた。体の前にある外套腔に、肛門があった。つまり、肛門は体の後ろでなく、口と同じように前を向いていた。一階と二階をつなぐ神経連絡が8の字型にねじれていて、内臓部分が、上から見て左回りに一八〇度ねじれたため肛門も前を向くようになったのだということがわかった。鰓も外套腔にあるため、心臓より前にあり、「前鰓」だった。このような巻貝の基本のかたちが、すでに、ヴェリジャー幼生のときに完成されることも知った。バイでは、雌と雄は別々で、雌には、卵巣と膣口があり、膣口は産卵口でもあった。雄は、精巣をもち、ペニスをもっていた。

一方の後鰓類も、頭があって腹足をもつことは、いずれもバイと同じである。しかし、内臓部分を貝殻の中に収納した二階建て構造は、体の外側に貝殻をもつものでしか見られない。貝殻を体内にもつ、あるいは、貝殻をまったくもたない種では、二階部分が一階に降りてきて、体もより扁平になっている。貝殻をもつ種には、まだ、外套腔があるが、バイの場合と異なり、体の前ではなく、右に向くように移動している。そのため、鰓も体の右、肛門は、その鰓のさらに後ろにある。貝殻を体内にもつ種や、まったくもたないものでは、もはや外套腔とよべる空所はない。それでも、鰓や肛門が、体の右側や後ろにあることは変わらない。こうして、後鰓類の鰓は、心臓より後ろの「後鰓」になる。

ヴェリジャー幼生のときは、後鰓類もバイの幼生と基本的に同じかたちをしている。後鰓類の外套腔、鰓、肛門などの移動は、左回りにねじれていた体が、右回りにさまざまな程度にねじれ戻った結果である。8の字型にねじれていた神経ループは、ほどけ、短縮し、さらに神経節の集中化へと進む。ほとんどの後鰓類は同時的雌雄同体、同時に雌でもあり雄でもある。ペニスも膣口ももち、ときには、産卵口も別にもつ。生殖巣は、卵も精子もつくる卵精巣で、そこからペニスや膣口にいたる生殖器官系も、雌と雄の役を同時にこなすために複雑な仕組みを発達させている。

こうして、バイと後鰓類を比較すると、後鰓類の特徴が浮き彫りになる。まずは、おなじみ「貝殻なくし」、これには貝殻をすっかり消失したものも、大きさを縮小し、かたちを単純にしたものもいる。次に、それにともなう「外套腔なくし」、これも縮小から完全消失までいろいろだ。さらに、「外套腔の右傾化（右に向くこと）」、それにともなう鰓と肛門の右後方への移動。この移動によって鰓が「後鰓」になる。外套腔の右傾化は、体の「ねじれ戻り」と密接に関係している。ねじれ戻りは、また、神経ループを8の字交差型から、交差の解消と短縮による「直神経化」と神経節の減少をもたらす。そして、「雌雄同体」で体内受精することにともなう生殖器系の多様化。これらが、巻貝から「ウミウシへの道」を物語るキーワードである。

後鰓類の進化

貝殻と後鰓類

あるガイドブックの頭楯類の写真の説明欄に、次のような文章が載っていた。ミガキブドウガイという美しい種についての解説である。

『これは貝ではないか、という向きもあろうがこれでも後鰓類、広義のウミウシの仲間である。貝殻が立派であればあるほど原始的、進化が進んでいないグループと考えればよい。この貝殻を背負ったウミウシ、有殻後鰓類というが、この仲間には外套膜の美しいものが多く知られている。（以下略）』

貝殻という特徴に注目して後鰓類全体を説明してあり、とても簡潔でわかりやすい。ここで使われている有殻後鰓類という呼び名は、文字どおり、有殻、つまり貝殻をもった後鰓類に与えられたものである。ミガキブドウガイもブドウガイも、りっぱな殻をもったコンシボリガイやマメウラシマガイも、タマノミドリガイやフリソデミドリガイも、さらにヒトエガイやミジンウキマイマイもそうである。また、側足に覆われていて見えにくいが、アメフラシ類の多くも有殻だし、体の中に殻をもつカノコキセワタガイやニシキツバメガイ、ホウズキフシエラガイ類などもこの名でよんでいいはずである。この本に登場した種名だけをあげたが、これらの仲間や、登場の機会を与えられなかったものも入れると、この有殻後鰓類は相当な数にのぼることになる。つまり、かなりの後鰓類が、殻をもっている。

さて、有殻後鰓類の対義語が無殻後鰓類であろう。後鰓類を貝殻の有無で、このようにわけるのも、先の解説のように貝殻のことを強調する場合は便利で悪くない。分類の基準も貝殻の有無であることがはっきりしていて、誰にもわかりやすい。そもそも、われわれが物を分類整理するときは、これと似たようなことをやっている。たとえば、取っ手があるかないかでカップをわけたり、表紙が厚いか薄いかで本をわけたりといった具合である。物の場合は、どのようにわけようがまったく問題はない。物を分類整理する目的は人それぞれに違うから、その目的にもっともふさわしいわけ方を個人個人が選んで分類すればいいのである。もし、それが学校や会社のような組織で行われるのならば、そのわけ方のルールを決めておいて、皆がそれにしたがって分類整理すればいい。

しかし、生物の分類となると、そうはいかない。もし、人それぞれが便宜的に分類などしようものなら、たちまち大混乱がおきる。生物分類は、あらゆる生物学の研究の基礎をなしている。どの生物を使って実験したのか、どの生物を観察したものなのかが、はっきりしていなければ、せっかくの実験結果や観察結果も意味がない。生物研究に国境はない。そこで、世界中の人が共通して使える分類のルールが必要である。生物を何で分類するのがいいか？

地球上の生物はすべて、太古の海に生まれたひとつの生物から進化によって生み出されてきたと考えられている。進化の道筋にしたがって分類すれば、もっとも自然で客観的な分類ができる。というわけで、進化の道筋を明らかにして、それをもとに分類体系をつくろうということになった。とはいっても、その道筋の記録など残っていない。化石は、ひとつの大きな手がかりであるが、すべての生物が化石を残せるわけではない。進化の道筋を明らかにすることは、思いのほか大変なのである。主要な作業は、生物間の共通点を頼りに近縁なものをまとめながら、ひとつの共通の祖先に向かって、より大きなまとまりにまとめ上げていくことである。これは、ちょうど、先祖探しをしながら、家系図を書くようなものので、このような分類の方法を系統分類という。つまり、「正式な」生物分類は、この系統分類でなければならない。

先の「有殻後鰓類」は、この意味で「正式な」分類群ではない。貝殻があるという共通点でまとめられたものではあるが、この共通点は、どうやら見かけのもので、系統の近縁性を示す指標にはならないと考えられるからである。試しに、口絵のミスガイ、フリソデミドリガイ、ヒトエガイ、アメフラシ、ミジンウキマイマイを見比べてみよう。どれも貝殻をもっているが、頭や外套のかたち、触角の形状など、外から見ただけでも何となく違っていることがわかる。体の中の構造、たとえば、歯舌、生殖器、神経節の分布などを比較すると、これらが他人の空似だということがはっきりする。そして、それらの特徴で、それぞれ、頭楯目、囊舌目、背楯目、無楯目、有殻翼足目という別々のグループにわけられているのである。

なぜ、貝殻の有無よりも、それらの形態のほうが重視されるか？　それは、貝殻が、後鰓類を含む軟体動物という門の歴史の中で、ずっと昔に、まだ原始的とよばれるものによってつくり出された、いわば「古い」形質（形態の特徴）だからである。それは、いろいろな軟体動物のグループに継承されてきた。巻貝類だけでなく、二枚貝類ももっている。また、頭足類（イカ、タコの仲間）の「生きた化石」ともよばれるオウムガイだってもっている。よく知られた化石のアンモナイト、いっけん、巻貝類かと思うが、これもイカ、タコの仲間の頭足類である。むかしは、貝殻をもっていた頭足類がたくさんいたのだ。しかし、そのまま貝殻をもち続けたのは、オウムガイ類ぐらいで、イカの仲間は、体内に「ほね」をもつようになったし、タコは丸裸である。また、新しい殻をもつようになったカイダコ類などもいる。ちょっと後鰓類の歴史に似てはいまいか。

ふつうの巻貝のほとんどは、貝殻をもっているが、なかには、ハダカカゾウクラゲやハチジョウチチガケガイのように、丸裸になった種もいる。「古い」形質は、長い間、進化の風にさらされて、多くの変化を経験している。そのため、それが類似しているからといっても、それだけで近縁だとはいえないのである。ちなみに、われわれが動物全体を分類しようとするときに、眼の有無で、有眼動物、無眼動物などとは分類しないであろう。眼は、いろいろな動物がもっている。このような形質は、近縁かどうかを判断する根拠にはならない。後鰓類にとってもふつうの巻貝類にとっても貝殻とは、そういう形質なのである。

ならば、どのような形質が、系統分類に有効かというと、「古い」形質の逆の「新しい」形質である。「新しい」形質というのは、生じてからの時間が短いので、より近い系統のものしかもっていないだろうと予想される。また、まだあまり変化していないだろうから、継承の歴史を忠実に伝えていると思われるのである。平たくいえば、より独特でより限られたものにしか見られない形質が、分類の際には、より有効だということである。独特だからといっても、体の表面の色や模様の場合は、分類の決め手になりにくいということは、二章でお話しした擬態のことを思えば、容易に察しがつくだろう。後鰓類の分類にとって有効な「新しい」形質の例としては、嚢舌類の歯舌や舌嚢があげられる。あのようなナイフ状の歯舌や、舌嚢という使い終った歯舌を入れる袋をもっているものは、後鰓類を見渡してみても、巻貝類を見渡してみてもほかにいない。きわめて独特で、これほど特殊なものは「氏育ち」の違うものが別々につくり出したと考えるよりも、ある「氏」を名乗った先祖がつくり出したものを代々継承してきたと考える方が自然なのである。これが人間の話なら、奇人変人というのが、どんな家系にもひとりやふたりはいて、特別なことが別々の家系でおきることも珍しくないのだろうが、生物進化は、ずっと保守的で、突飛なことはめったにおきないのである。

検討の余地あり

　このように、後鰓類の系統分類に貝殻の有無は使えない。しかし、それでも貝殻の有無は、後鰓類の進化に関係している。それは、「貝殻をもっている後鰓類は原始的」という表現で表わされる関係である。このことは、殻をもっているもっていないにかかわらず、後鰓類もふつうの巻貝同様、子ども時代には、ヴェリジャー幼生とよばれる貝殻をもった幼生になり、一度、貝殻をもった巻貝と同じことをしてから、後鰓類の姿に変態することにもはっきり示されている。つまり、後鰓類の祖先は、貝殻をもっていたのである。したがって、先の解説の「貝殻が立派であればあるほど原始的」も、正しい。貝殻の有無では、目はわけられないが、貝殻のあるものを原始的と見るのは正しいのである。

　貝殻があるものが原始的、そして、「貝殻なくし」が後鰓類のトレンドだとしたら、貝殻がりっぱなものほど原始的であろう。それで間違いない。しかし、これを拡大解釈して「貝殻をもったものが多い頭楯目がもっとも原始的で、全員、裸の裸鰓目がもっとも進化している」といったら、それは間違いなのである。確かに頭楯目には、貝殻をもったものが多く、オオシイノミガイやミスガイなどのように、ほとんど、ふつうの巻貝かと思うほど、りっぱな貝殻をもったものもいる。後鰓類では、貝殻をもっているものでも多くの種は蓋はもっていないが、頭楯目には、オオシイノミガイのように蓋をもっているものもいる。頭楯目で貝殻をもっていないのはウミコチョウ類ぐらいである。それもすべての種ではない。こうしてみると、ふつうの巻貝との連続性が強く感じられて、原始的だとも思いたくなる。

しかし、それなりにりっぱな貝殻をもったものは、嚢舌目にもいる。一方で、ゴクラクミドリガイ類やモウミウシ類のように丸裸になった嚢舌類もいる。無楯目の多くの種も貝殻をもっている。ごく少数ではあるが、無楯目にも、フウセンウミウシやクロスジアメフラシのように、貝殻をすっかり失った種がいる。こうして見るとどうやら、「貝殻なくし」は、それぞれの系統で別々におきたと考えられる。このように、ある程度近縁ないくつかのグループで、同じような変化がおきることを「平行進化」とよぶ。つまり、後鰓類の「貝殻なくし」は、この平行進化で、同じ進化がいろいろな後鰓類のグループで「平行して」おきたと考えられる。したがって、貝殻をもったものが多いからといって、「頭楯目がもっとも原始的」とはいえないのである。また、同じ理由で、全員が裸だからといって、「裸鰓目がもっとも進化している」ともいえない。いまは、全員裸の裸鰓目だって、もとをたどれば、貝殻をもったある種にいきつくはずである。しかし、進化によって生み出された後鰓類の種のすべてが現在まで生き残っているわけではない。たくさんの種が、すでに滅んでいるだろう。生き残ったものだけでは「貝殻なくし」の歴史を伝えられない、そんなグループがいても不思議はない。

裸鰓目がもっとも進化?

「裸鰓目がもっとも進化」は、実は、長い間、一部の学者にも支持されてきた見方なのである。その根拠は、もちろん、全員が丸裸だということではない。裸鰓目には、ふつうの巻貝のシンボルともいえる構造、外套腔をもつものがいない。鰓の位置も形状も独特である。すっかり鰓を失ったものも多い。また、神経も全員「直神経」で、その神経節の融合が非常に進み、中央神経環にある神経節が四つになっている。生殖器の管の数も二本か三本で、管の機能分化が進んでいる。これらの特徴から、そう考えられてきたのである。

しかし、外套腔、鰓、神経のねじれ戻りなどの特徴というのは、後鰓類の「貝殻なくし」と密接に関係している。したがって、「貝殻なくし」の程度によって、段階的変化がいろいろなグループで見られるはずである。平行進化の「貝殻なくし」、それに関係した形質が系統関係を教えてくれる可能性は低い。それならば、神経の集中化はどうだろう。裸鰓目のように、中央神経環神経節総数が四つにまで減っているのは、裸になった嚢舌目の種でも見られるし、背楯目のフシエラガイ類でも見られる。さらに、生殖器系で比較しても、輸管の数が二本ないし三本に機能分化する傾向は、背楯目でも嚢舌目でも見られる。どうやら、これらも「平行進化」の可能性ありである。特別な鰓構造をもたないものは、裸鰓目だけでなく、嚢舌目はじめ他の目でも多くの例が見られる。こうなると、「裸鰓目がもっとも進化」は、検討の余地あり！　である。

裸鰓目に関して、最近、私が注目しているひとつの説がある。それは、裸鰓目と背楯目がひとつのグループにまとめられるほど近縁かもしれないというものである。この根拠のひとつは、背楯目も裸鰓目も、鰓がともに羽状で、その基本構造が類似しているということである。このような形状の鰓は、後鰓類の中でも、この二つのグループにしか見られない。ほかの後鰓類は褶状鰓《しゅうじょうさい》、つまり、表面にたくさんの褶《ひだ》が寄った鰓をもっている。羽状の鰓という形質は、どうやら、裸鰓目と背楯目の共通の「新しい」形質のようである。さらに、大多数の後鰓類では、染色体数（単数）が一七か一八なのだが、この二目のものは、一二か一三と少ないのである。このように、「新しい」形質を共有したもの同士を非常に近縁だと考えてよいという理由は、先に述べたとおりである。

頭楯目がもっとも原始的？

もうひとつ、よく耳にする表現に「頭楯目がもっとも原始的」がある。これも、危ない表現と思われる。このようにいえるには、頭楯目がひとつのまとまったグループであるという前提が必要なのであるが、実は、頭楯目がひとつのまとまった分類群かどうかについては、繰り返し疑問が投げかけられてきた歴史がある。外見からは、頭部に頭楯という構造とハンコック器官をもつということでまとめられた頭楯目なのであるが、解剖研究が進んでくると、グループの異質性が目立つようになってきたのである。

まず、生殖器の構造である。例の生殖輪管の構造を比較すると、いちばんりっぱな貝殻をもった（原始的な）オオシイノミガイやミスガイなどは、雌雄の構造がよく分化して、体内に独立した輸精管をもつのに対し、逆に薄い貝殻を内在させた（派生的な）キセワタガイやニシキツバメガイなどは、単純な一本の輸管と外精溝でつながれたペニスをもつ。また、食道の途中に食物の粉砕構造であるギザードをもつものと、もたないものがいることも指摘されていた。これらのことは、頭楯目という分類群が一枚岩ではないことを強く示唆するものである。一九六〇年代に、すでにこの考え方にしたがって、後鰓類全体の系統を論じた大論文が出されたが、それ以後、最近まで総括的にこの問題に取り組まれることがなかったため、「頭楯目はもっとも原始的」で「他の目は頭楯目に由来する」、この表現を許してきた感がある。

ところが、最近になって、分岐分類学という比較的新しい系統分類学の手法で、頭楯目の分類にメスが入れられることになった。もともと、頭楯目に入れるべきか、それとも無楯目あるいは嚢舌目に入れるべきかについて、意見のわかれる種がいくつもあったので、そういう種もいっしょに分析された。選ばれた後鰓類はどれも貝殻をもつ種類で、頭楯目一一属一四種、無楯目二属二種、嚢舌目三属三種、計一六属一九種であった。分析に選ばれた形質は全部で四七。内訳は、外から見える形質と外套腔内の形質が九、消化器系に関するものが一七、神経および感覚器系に関するものが一二、生殖器系が九という内容になっている。その論文には、頭楯目についての先の解釈をはっきりと否定する、ひとつの分岐図が示されている。

分岐図を読む

分岐分類の解析結果は、このような分岐図のかたちで表わされる（図25）。分岐図は、クレードとよばれる枝とノードとよばれる分岐点で描かれる。それぞれの枝がひとつの種やグループ、分岐点は、それぞれの種やグループが共通の祖先からわかれてきた順序を表わしている。それぞれのグループのまとまりや、分岐の根拠になるのは、それぞれ、形質の共有と、形質の相違である。ここでも「新しい」形質が重要になる。このルールにしたがってこの分岐図を読んでみよう。

たとえば、嚢舌目の三種は、一本まっすぐに伸びた長い枝の上で、三つにわかれている。このことは、嚢舌目がまとまったひとつのグループであることを示している。この嚢舌目のまとまった一本の枝を特徴づける形質には、やはり独特な歯舌や舌嚢も含まれている。これと同じように、無楯目の二種も、やはり、長い枝の先で二分岐している。これも、やはり、無楯目が、まとまったひとつのグループであることを示している。興味深いことに、頭楯目に入れるべきだともいわれていたニセイワヅタブドウガイ

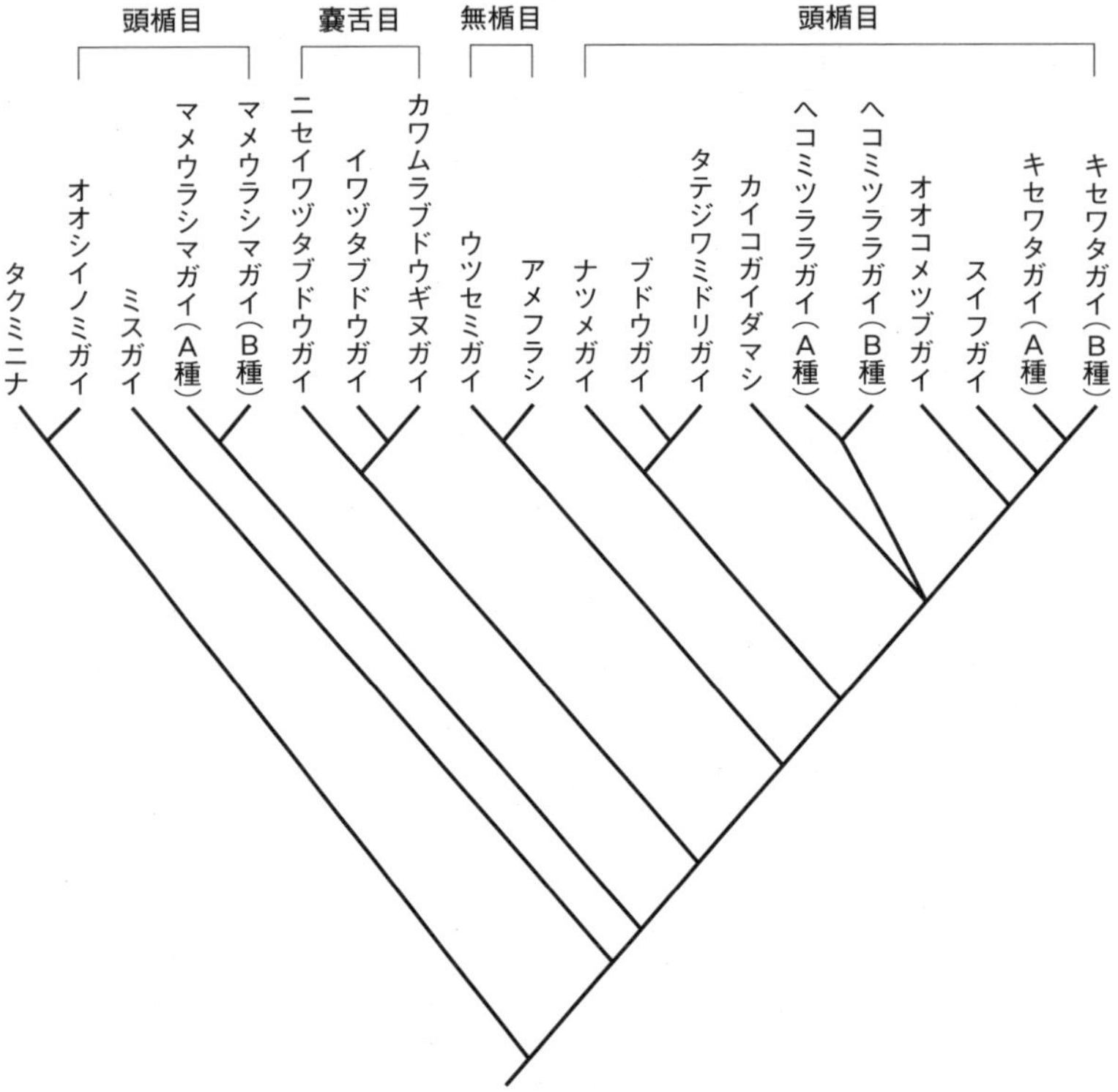

図25　分岐分類学の手法によって得られた，後鰓類３目の分岐図．研究に使われた実際の後鰓類は日本産ではないが，わかりやすくするために近似種と考えられる本邦産種の和名を代用してある．本文中で使われる和名も同様．比較のため、タクミニナが一緒に分析されている．（Mikkelsen, 1996より改変）

は、他二種の嚢舌目の種とともにひとつの長い枝の先にちゃんとおさまっているし、やはり頭楯目に入れるべきだという意見もあったウツセミガイがアメフラシとともに無楯目の枝におさまっている。

ところが、頭楯目の種は、一本の長い枝の先でわかれるだけでなく、いくつかの長い枝そのものとしてわかれている。左から、オオシイノミガイが含まれる枝、次にミスガイ、そしてマメウラシマガイが順番に枝を出し、その次に嚢舌目のまとまった枝と、無楯目のまとまった枝がきた後、ナツメガイ、ブドウガイ、タテジワミドリガイが先端でわかれる一本の枝、その次に、ヘコミツララガイとカイコガイダマシが、同一分岐点から枝をのばし、その次にオオコメツブガイ、さらにスイフガイの枝が出て、いちばん右では、キセワタガイの枝が先端で二分岐している。

注目すべきは、いちばん右のキセワタガイからナツメガイまでの一〇種は枝をたどっていけば、ひとまとめにできるが、このまとまりの左横には、無楯目と嚢舌目の枝があって、左端のオオシイノミガイ、ミスガイ、マメウラシマガイの三本の枝とは、まとめようにもまとめられないことである。もし、キセワタガイからナツメガイまでのグループと、オオシイノミガイ、ミスガイ、マメウラシマガイをいままでどおり、ひとつのグループにまとめようと思えば、無楯目と嚢舌目をその中に含めなければならないことになる。この図は、明らかに頭楯目が、ひとつのまとまったグループと見なせないということを示しているのである。

さらに、いちばん左のオオシイノミガイは、一本の長い枝の先端でタクミニナとわかれている。つまり、オオシノミガイとタクミニナは、同じグループに属していることを主張している。実は、このタクミニナは後鰓類ではなく、異旋類とよばれる巻貝の一員である。つまり、オオシイノミガイは、後鰓類より、異旋類に入れた方がいいということが示されているのである。思えば、右端の方にひとまとまりをなしている、いわゆる派生的な頭楯類は、食道の途中にギザードをもっているし、生殖器の管も一本だ。一方の左寄りの一群は、ギザードなんてもっていないし、生殖器の管は二本だ。やはり、異質だと感じたものは、ひとつにまとめるべきでないということが、この分岐図でもはっきりと示されたわけである。

この分岐図で示されたもうひとつの重要なことは、オオシイノミガイやミスガイなどのもっている二本管の生殖器系の方が、キセワタガイやブドウガイなどの一本管のものより原始的だということである。これは、体内にちゃんとした輸精管をつくるものの方が、輸精管の代わりに体表の溝を使っているものより原始的ということになる。「進化というのは退化の反対で、より良い方へ、より複雑な方へ向かうもの」と考えがちだが、決してそうではない。複雑になろうが、単純になろうが進化は進化である。ある形質が原始的か派生的かは、その祖先がどんな形質をもっていたかで決まる。そこで、後鰓類の祖先、すなわち雌雄異体で体内受精する巻貝たちの生殖器構造と比較すると、オオシイノミガイの輸精管は、それらの巻貝が体表近くに内在させた管と類似しているのに対し、キセワタガイなどの体表の溝は、巻貝類で溝をもつものと位置が根本的に違っていて、新たにつくられた溝と判断できるというのである。

こうして、いままで、頭楯目としてひとまとめにされていたグループは、嚢舌目や無楯目より派生的な一群と、より原始的ないくつかのグループにわけられるということが示されたのである。それでは、いままで頭楯目の特徴とされていた頭楯は、分類の決め手にはならなかったのだろうか？ そのとおり、どうやら決め手にならないようである。頭楯目とよばれているものの多くが、砂泥底や、砂の堆積した場所にすんでいる。頭楯は、砂を掘り進むのに役立つ構造なのではないかと考えられている。どうやら、似たような生息場所にすむようになった結果、似たような構造をもつようになっただけらしい。

分子の声

近年、生物の系統分類では、形態の比較だけでなく、直接ＤＮＡの遺伝情報を比較して行う分子系統分類の手法が取り入れられるようになった。先の頭楯の例のように、似たような環境に生息していると、別々の系統のものでも形態が似てくることがある。また、生物によっては、生きた化石とよばれるもののように形態の変わりにくいものと、反対に、短時間で変わってきたものがいる。分子系統分類の最大の長所は、形態の表面的な類似にふり回されずに、系統関係を見破るパワーを備えている点にある。

後鰓類の系統進化を明らかにしようとする研究者たちも、競ってその解明に本腰を入れはじめた。軟体動物の最近の国際学会でも、これに関連した発表がどんどんと出ている。ミレニアムを迎える直前の一九九九年、九月、この本を書いている真っ最中に、若手のスウェーデン人研究者が投稿した非常に魅力的な論文がイギリスの雑誌に載った。アメリカの友人が親切にも早速、全ページのコピーを送ってきてくれた。まるで、この本の執筆を知っていたかのようである。一気に読んで、わくわくした気持になったことを覚えている。多くの注目すべき知見が得られているので、分子分類の研究例として、ここに

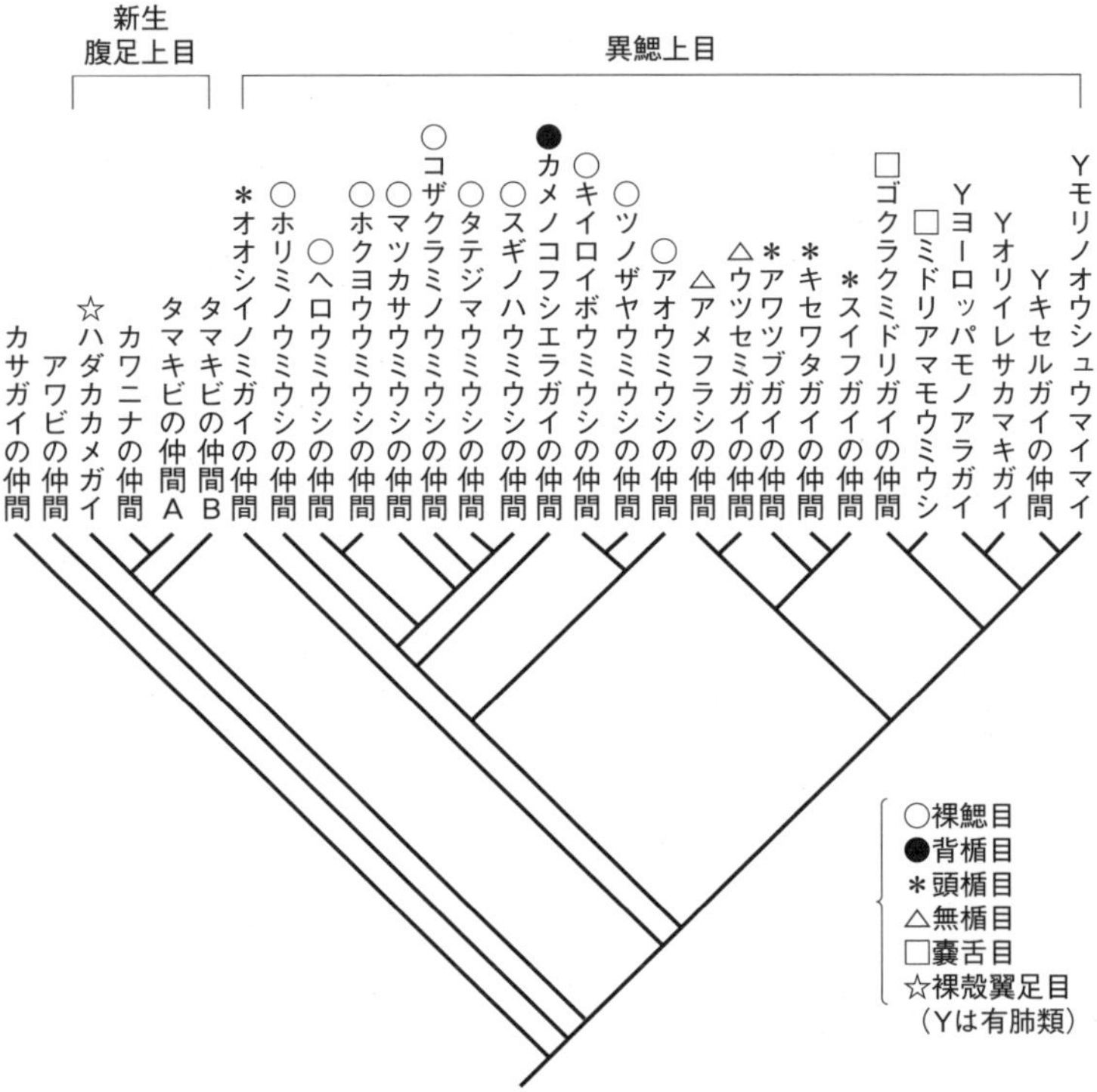

図26　ミトコンドリアの一部のリボゾームRNAの遺伝子を比較して得られた，後鰓類６目の分岐図．（Tholleson, 1999より改変）

紹介しようと思う（図26）。

　比較に使った分子は、細胞内小器官であるミトコンドリアの一部のリボゾームRNAの遺伝子で、そのDNAの塩基配列を、後鰓類六目二〇種で比較している。その内訳は、頭楯目四種、無楯目二種、裸殻翼足目一種、背楯目一種、裸鰓目一〇種、嚢舌目二種である。さらに、後鰓類以外の腹足類九種を同時に調べたが、うち五種はアワビやタマキビなどで、残り四種は有肺類であった。合計二九種、それも、これはと思う「スターたち」ばかりが一同に集められて分析にかけられたのだから、注目しないわけにはいかない。

いくつもの興味深い結果が得られているが、第一に注目したいのは、裸鰓目と背楯目である。この二目、頭楯目のオオシイノミガイの、すぐ次のところで大きな枝を形成している。そして、背楯目の方は残念ながら一種しか扱われていないものの、それが裸鰓目のうち中腸腺が分岐する一群（岐肝類とよぶ）、つまりミノウミウシ類、スギノハウミウシ類、タテジマウミウシ類のグループのすぐ近くに枝をのばしている。そして、花びら鰓のあるドーリス類が、それら全体のすぐ近くに枝を出す。つまり、裸鰓目と背楯目がひとつになるという強いメッセージが、分子の比較からも送られてきたことになる。

第二に注目されるのは、頭楯目が、やはり二つの遠く隔たった枝にわかれたことである。より原始的と考えられる左の方の枝が例のオオシイノミガイ類であり、かなり最初の方で分岐している。もう一方は、アワツブガイ、キセワタガイ、スイフガイたちで、無楯目とともにひとつの枝を形成している。ここでも、頭楯目の一群と無楯目の近縁性が示されている。

第三は、これがいちばん注目されるところであるが、この図の中に「後鰓類」という名称で独立にくくられる枝の集まりがどこにも見あたらないことである。後鰓類各グループが途中からそれぞれ独立に枝を出しながら、最後に有肺類の枝で終わる。最後の有肺類のすぐ左隣りに嚢舌目の二種がきている。このことは、有肺類と嚢舌目がかなり近縁であることを示している。つまり、有肺類も合わせないと、すべての後鰓類をひとまとめにはできないことになる。そうなると、もう後鰓類とはよべない。

この論文のセンセーショナルなところは、これだけで終わらない。なんと、後鰓類の一員として長い間認知されてきた裸殻翼足目のハダカカメガイが、バイやタマキビが属する「前鰓類」の一群、新生腹足類の中に混ざって顔を出している。分子データによると、異鰓類という大枠にも入れられず、はみ出してしまったハダカカメガイ。この結果には論文の著者自身も驚いたとみえ、少量のＤＮＡを増幅させて解析するＰＣＲという実験操作の途中で、ほかの貝のＤＮＡが装置の中に混入するような可能性はなかったぞ、と弁明を書いているほどであった。

ウミウシの明日

同じ分岐分類の手法を使っても、取り上げる形質が違えば、違った分岐図が描かれる可能性がある。分子とて、比較する分子の種類が違えば、違った分岐図が描かれるだろう。先に紹介した分岐図二つが、どれだけ正しく後鰓類の進化を再現できているかは誰にもわからない。しかし、こういう仮説があってはじめて新たな研究が発展するのである。これらの分岐図は、今後さらに多くの研究者の努力によって、より確かなものに変えられていくだろう。

「巻貝と後鰓類」というタイトルで話をはじめたら、最後には、後鰓類一家はひとまとめにできない、という意見を紹介することになった。これでは、「ウミウシワールド」の一枚看板を掲げて一冊の本を書いてきた著者としては、少々複雑な心境である。しかし、これがより説得力のある説ならば、受け入れなければならない。慣れ親しんだ分類群が、新しい研究の結果、まとまりのあるグループとしては支持されない。これは、よくあることなのである。

研究は日進月歩である。数年前に新しくわかったと思われたことが、いまでは、もう古くなってしまった。そういうことは、まままある。また、逆に、視点をすこし変えるだけで、とっくに古くさくなったと思われていたことが、新しい光の中で再び蘇ることもある。たいせつなのは、新しい学説を無批判に追いかけ、飛びつくことではない。権威におもねず、自分の頭でよく考え、楽しみ、新しい可能性を探し出すことだ。夜遅くまで組織のプレパラートや核酸分析機と取り組む人もいる。生きたウミウシと海底や実験室で何時間も対話を続ける人もいる。新しい発見をする可能性とチャンスは、つねに追い求める人の上にもたらされる。「ウミウシの道」は、これからもつねに新しい展開を重ねていくに違いない。

この本の原稿書きも大詰めに入った頃、鹿児島大学で開かれた学会に参加した。学会発表の合間をぬって、ほんの一時間たらず駆け足で、かごしま水族館を訪れた。その水族館には、生き物が何も入っていないひとつの水槽があった。特殊な照明が水槽の中を照らし、深い青色一色の不思議な空間に、ときおりかすかな泡が海底から立ちのぼっている。そして、その横の壁には、次のような詩が掲げてあった。

沈黙の海

青い海　なにもいない
もう耳をふさぎたいほど
生き物たちの歌が聞こえていた海
それがいつのまにか、なにも聞こえない
青い海

人間という生き物が
自分たちのことしか考えない
そんな毎日が続いているうち
生き物たちの歌がひとつ消え
ふたつ消え
それが　いつのまにか　なにも聞こえない
青い　沈黙の海

かごしま水族館の生みの親、初代館長の吉田啓正氏の作品であるという。この詩には、小さな文字で次の二行が添えられていた。

そんな海を子供たちに残さないために
わたしたちは何をしたらいいのだろう

海の中の、それこそ、とりとめのないまでの多様な生物たち、その躍動こそが生き物たちの歌であろう。太古の海に生まれ海に育てられ、そして海そのものを変えてもきた生き物たち。われらが愛するウミウシも魚もエビもカニもヒトデも、さらに名前も何の仲間かさえ知られていない生き物も、皆がずっとすみ続けられる海を守らなければ、そう切実に思う。生き物たちの歌がにぎやかに聞こえる海であればこそ、ウミウシの明日がある。そして、私たちがそれを思い描く楽しみもある。

おわりに

好きなもののことを人に話すのは楽しい。大好きなウミウシの本を書けるとワクワクしながら、気楽に書きはじめた。しかし、いざ、書きはじめてみると、自分が知っていると思っていたウミウシの素顔が何度も見えなくなる。自分の知識の不確かさを何度も思い知らされた。自分の力量も顧みず、何て無謀なことを考えたんだと、後悔したこともある。本を書き上げた現在でも、思っていたとおりのものに仕上げられていないという気持が強く、多少の後悔は残っている。しかし、それでも、いまは「やってよかった」と、心から思う。

私の好きな童話、宮沢賢治の『セロ弾きのゴーシュ』を思い出す。セロの音をうまく出せず、毎日夜遅くまで練習しているゴーシュの前に、かっこうが、タヌキが、野ネズミが入れ替わり立ち替わりやってきて、ゴーシュの演奏を批判したり、頼み事をしたりしては帰っていく。ゴーシュは、面倒くさがりながらも、次々にそれぞれの願い事を聞いてやる。やがて、演奏会の日がやってきた。ゴーシュのセロは、はじめて美しい音を奏でた。

この本を執筆している間にも、ウミウシ人気は、さらに高まり、いろいろな人から素朴な質問を受けた。ウミウシの同定も依頼された。本を書かなければという焦りを感じつつも、一生懸命それらの質問に対する答えを探したり、同定のために多くの文献を紐といた。怠け者の私にしては、本当によく勉強した、と、思う。自分がよくわかっていないことは、人にちゃんと説明できない。それを解決しようとしているうちに、この本ができあがったといってもいい。そして、いつの間にか、以前に増して、ウミウシ学を楽しんでいる自分自身に気がついた。

一章から四章の中の、どこかにそれらの質問に対する答えを発見していただけると思う。ウミウシワールドの拡がりについて、くらしや一生のこと、そして彼らの正体についての質問や疑問。どれもが、この本を書き上げる原動力になった。みなさんに、心から感謝している。益田一先生、小野篤司さん、鈴木敬宇さん、鈴木芳房さん、これらの方々は、口絵その他に見事な写真を快く提供してくださった。東海大学出版会の稲英史さんは、さまざまな相談にのってくださり、出版の実現につくしてくださった。奥谷喬司先生には、本書執筆にあたっていろいろご教示いただいた。また、今井俊さんはカバー用の素晴らしい版画を制作してくださった。これらの方々に記して心からお礼申し上げたい。

私は、大学、大学院時代と、田村浩志先生、稲葉明彦先生から生物学の魅力をたっぷり教わった。お二人のおかげで、私は生物学研究を志し、こうしてウミウシに出会うことができた。先生方にも心からお礼を申し上げたい。また、私のウミウシバイオロジー研究を支えてくださっている忍路臨海実験所の信太和郎さん、そして、かけがえのない共同研究者である妻の弥生に心から感謝したい。最後に、ウミウシと私の関係を決定的なものにした、ひとつの出会いをお話して、この本を終わろうと思う。

一〇年あまり前、ナポリ臨海実験所で研究することを許された折、かねてからお目にかかりたいと思っていた、後鰓類研究の第一人者、英国の故トム・トンプソン先生を訪ねる機会を得た。ちょうど、ナポリ湾で新種と思われるミノウミウシを発見したところだったので、先生のご指導のもと、そのウミウシを記載することになった。まだ、若僧だった私とも気さくに話してくださり、ユーモアのセンスもある先生のお人柄、私はすぐに好きになった。設備のそろった実験室で、解剖、組織学研究の手法を習い、豊富な文献のそろった研究室で熱い論議をした夢のような日々だった。

ひととおりの観察を終わり、記載作業も大詰めに入った頃、「ここにきて本当によかった。このわずかの間に先生から教わったことは、いままで私が数年間学んできたことの何倍もある」といった私に、いまは亡き先生は、微笑みながら、こうおっしゃった。「君が得たものは知識だけではないんだよ。もっと大きなものを君は得たはずだ。それは、自信じゃないかい?」。

先生のご指摘正しく、すこしだが自信をもちはじめていた私は、勇敢にも「いつの日か、ウミウシに関する本を自分でも書いてみたい」と、先生に打ち明けた。先生はそのことを非常に喜んでくださった。

その、はじめての本が、いま完成する。

トム、この本を先生に捧げます。

著者

Late Dr T.E. Thompson in 1988

日本産後鰓類に関する図譜・図鑑および関連図書

馬場菊太郎．1949．生物学御研究所（編），相模湾産後鰓類図譜．岩波書店．

馬場菊太郎．1955．生物学御研究所（編），相模湾産後鰓類図譜－補遺．岩波書店．

馬場菊太郎．1960．無腔類・側腔類，岡田要（著者代表），原色動物大図鑑．北隆館．

濱谷　　巌．1986．後鰓類，奥谷喬司（監修），決定版生態大図鑑・貝類．世界文化社．

濱谷　　巌．1986．後鰓類，益田一・林公義・中村宏治・小林安雅（編），フィールド図鑑・海岸動物．東海大学出版会．

濱谷　　巌．1988．後鰓類，西村三郎（編著），原色検索日本海岸動物図鑑．保育社．

濱谷　　巌．1994．ウミウシ類，奥谷喬司（編著），海辺の生きもの．山と溪谷社．

濱谷　　巌．1994．ウミウシ類，奥谷喬司（編著），サンゴ礁の生きもの．山と溪谷社．

濱谷　　巌．1994．後鰓亜綱，波部忠重・奥谷喬司・西脇三郎（編），軟体動物学概説（上巻）．サイエンティスト社．

濱谷　　巌．1999．後鰓類，内田亨・山田真弓（監修），動物系統分類学5（下）軟体動物（II）．中山書店．

平野　義明．1997．グッドバイシェル，奥谷喬司（編著），貝のミラクル．東海大学出版会．

北川勲・伏谷伸宏（編著）．1989．海洋生物のケミカルシグナル．講談社サイエンティフィク．

久保弘文・黒住耐二．1995．沖縄の海の貝・陸の貝．沖縄出版．

益田　　一．1999．海洋生物ガイドブック．東海大学出版会．

小野　篤司．1999．ウミウシガイドブック――沖縄・慶良間の海から．TBSブリタニカ．

鈴木　敬宇．2000．ウミウシガイドブック2――伊豆の海から．TBSブリタニカ．

富山県立高岡高校生物研究会．1964．富山湾産後鰓類図鑑．北隆館．

高岡生物研究会．1978．中部日本海沿岸産後鰓類の分布．

高岡生物研究会．1999．Janolus 第100号．

Ray Society, London. 207pp.
Thompson T.E. & Brown, G.H. (1984). "*Biology of Opisthobranch Molluscs. Volume 2*" The Ray Society, London. 229pp.
Tsubokawa, R. & Okutani, T. (1991). Early life history of *Pleurobranchaea japonica* Thiele, 1925, (Opisthobranchia: Notaspidea). *The Veliger* **34**, 1-13.
Usuki, I. (1969). The reproduction, development and life history of *Berthellina citrina* (Rüppel et Leuckart) (Gastropoda, Opisthobranchia). *Science Reports of Niigata University, Series D (Biology)* **6**, 107-127.
Wägele, H. & Willan, R. C. (1998). First results on the phylogeny of the Nudibranchia (Gastropoda, Opisthobranchia). *Abstracts, World Congress of Malacology, Washington, D.C., 1998,* Bieler R. & Mikkelsen, P. M. eds. Unitas Malacologia 1998, 347.

of the higher gastropoda. *Zeitschrift für Zoologische Systematik und Evolutionsforschung* **23**, 15-37.

Inaba, A. (1959). Cytological studies in molluscs. III. A chromosome survey in the opisthobranchiate Gastropoda. *Annotationes Zoologicae Japonenses* **32**, 81-87.

Jensen, K. R. & Wells., F.E. (1990). Sacoglossa (=Ascoglossa) (Mollusca, Opisthobranchia) from southern Western Australia. *Proceedings of the Third International Marine Biological Workshop: The Marine Flora and Fauna of Albany, Western Australia*. Vol. 1., 297-331.

Jensen, K. R. (1999). Copulatory behaviour in three shelled and five non-shelled sacoglossans (Mollusca, Opisthobranchia), with a discussion of the phylogenetic significance of copulatory behaviour. *Ophelia* **51**, 93-106.

Leonard, J. L. & Lukowiak, K. (1991). Sex and the simultaneous hermaphrodite: testing models of male-female conflict in a sea slug, *Navanax inermis* (Opisthobranchia). *Animal Behavior* **41**, 255-266.

Mikkelsen, P. M. (1993). Monophyly versus the Cephalaspidea (Gastropoda, Opisthobranchia) with an analysis of traditional cephalaspid characters. *Bolletino Malacologico* **29**, 115-138.

Mikkelsen, P. M. (1996). The evolutionary relationships of cephalaspidea s.l. (Gastropoda: Opisthobranchia): a phylogenetic analysis. *Malacologia* **37**, 375-442.

Ponder, W. F. & Lindberg, D. R. (1997). Towards a phylogeny of gastropod molluscs- an analysis using morphological characters. *Zoological Journal of the Linnean Society* **19**, 83-265.

Schmekel, L. (1985). Aspects of evolution within the Opisthobranchs. In "*The Mollusca. Vol. 10. Evolution*" (Trueman, E. R. & Clarck, M. R., eds.), pp. 221-267. Academic Press, San Diego.

Tardy, J. (1991). Types of opisthobranch veligers: their notum formation and torsion. *Journal of Molluscan Studies* **57**, 103-112.

Thollesson, M. (1999). Phylogenetic analysis of Euthyneura (Gastropoda) by means of the 16S rRNA gene: use of a 'fast' gene for 'higher-level' phylogenies. *Proceedings of Royal Society of London, Series B* **266**, 75-83.

Thompson, T. E. (1962). Studies on the ontogeny of *Tritonia hombergi* Cuvier (Gastropoda Opisthobranchia). *Philos. Transactions Royal Society of London (Series B)* **245**, 171-218.

Thompson, T. E. (1976). "*Biology of Opisthobranch Molluscs. Volume 1*" The

branch *Hermissenda crassicornis* (Gastropoda: Opisthobranchia). *Biological Bulletin* **165**, 276-285.

Tardy, J. (1991). Types of opisthobranch veligers: their notum formation and torsion. *Journal of Molluscan Studies* **57**, 103-112.

Todd, C. D. (1981). The ecology of Nudibranch Mollucs. *Oceanography and Marine Biology, an Annual Review* **19**, 141-234.

Todd, C. D. (1983). Reproductive and trophic ecology of nudibranch molluscs. In "*The Mollusca, Vol 6. Ecology*" (Russell-Hunter W.D., ed.), pp. 225-259. Academic Press, London.

Usuki, I. (1967). The direct development and the single cup-shaped larval shell of a nudibranch, *Glossodoris sibogae* (Bergh). *Science Reports of Niigata University, Series D (Biology)* **4**, 75-85.

Usuki, I. (1969). The reproduction, development and life history of *Berthellina citrina* (Rüppel et Leuckart) (Gastropoda, Opisthobranchia). *Science Reports of Niigata University, Series D (Biology)* **6**, 107-127.

第4章

Beeman, R. D. (1977). Gastropoda: Opisthobranchia. In "*Reproduction of Marine Invertebrates*" (Giese, A. C. & Pearse, J. S., eds.), pp. 115-179. Academic Press, New York.

Fretter, V. & Graham, A. (1994). "*British Prosobranch Molluscs. Their functional anatomy and ecology*" The Ray Society, London. 2nd edn xix 820pp.

Ghieselin, M. T. (1966 [1965]). Reproductive function and the phylogeny of opisthobranch gastropods. *Malacologia* **3**, 327-378.

Gosliner, T. M. & Ghieselin, M. T. (1984). Parallel evolution in opisthobranch gastropods and its implications for phylogenetic methodology. *Systematic Zoology* **33**, 255-274.

Gosliner, T. M. (1991). Morphological parallelism in opithoranch gastropods. *Malacologia* **32**, 313-327.

Gosliner, T. M. (1994). Gastropoda: Opisthobranchia. In "*Microscopic Anatomy of Invertebrates*" (Harrison, F.W. & Kohn, A. J., eds.), Vol. 5, pp. 253-355. Wiley-Liss, New York.

Hadfield, M. G. & Switzer-Dunlap, M. (1984). Opisthobranchs. In "*The Mollusca, Vol. 7. Reproduction*" (Wilbur, K.M., ed.), pp. 209-350. Academic Press, London.

Haszprunar, G. (1985). The Heterobranchia - a new concept of the phylogeny

Bergh (Nudibranchia: Aeolidacea). I. Light and electron microscopic analysis of larval and metamorphic stages. *Journal of Experimental Marine Biology and Ecology* **16**, 227-255.

Hadfield, M. G. & Switzer-Dunlap, M. (1984). Opisthobranchs. In "*The Mollusca, Vol. 7. Reproduction*" (Wilbur, K.M., ed.), pp. 209-350. Academic Press, London.

Hamatani, I. (1967). Notes on veligers of Japanese opisthobranchs (7). *Publications of the Seto Marine Biological Laboratory* **15**, 121-131.

Havenhand, J. N. (1991). On the behaviour of opisthobranch larvae. *Journal of Molluscan Studies* **57**, 119-131.

Hirano, Y. J. & Hirano, Y. M. (1991). Poecilogony or cryptic species? Two geographically different development patterns observed in '*Cuthona pupillae* (Baba, 1961)' (Nudibranchia: Aeolidacea). *Journal of Molluscan Studies* **57**, 133-141.

Hirano, Y. J. & Hirano, Y. M. (1996). Differences in larval settlement site between generalist and specialist of aeolid nudibranchs. *Zoological Science* **13**, 185-188.

Hurst, A. (1967). The egg masses and veligers of thirty northeast Pacific opisthobranchs. *The Veliger* **9**, 255-288.

Jensen, K. R. (1999). Copulatory behaviour in three shelled and five non-shelled sacoglossans (Mollusca, Opisthobranchia), with a discussion of the phylogenetic significance of copulatory behaviour. *Ophelia* **51**, 93-106.

Kandel, E. R. (1979). "*Behavioral Biology of Aplysia : A Contribution to the Comparative Study of Opisthobranch Molluscs*" W. H. Freeman & Co., San Francisco, 463pp.

Kawaguti, S. & Yamasu, T. (1960). Spawning habits of a bivalved gastropod, *Tamanovalva limax. Biological Journal of Okayama University* **6**, 133-149.

Leonard, J. L. & Lukowiak, K. (1991). Sex and the simultaneous hermaphrodite: testing models of male-female conflict in a sea slug, *Navanax inermis* (Opisthobranchia). *Animal Behavior* **41**, 255-266.

Rao, K. V. (1961). Development and life history of a nudibranchiate gastropod *Cuthona adyarensis* Rao. *Journal of Marine Biological Association of India* **3**, 186-197.

Reid, J. D. (1964). The reproduction of the sacoglossan opisthobranch *Elysia maoria. Proceedings of Zoological Society of London* **143**, 365-393.

Rutowski, R. L. (1983). Mating and egg mass produciton in the aeolid nudi-

ture and chemical analysis of mantle dermal formations (MDFs). *Marine Biology* **106**, 245-250.

Gochfeld, D. J. & Aeby, G. S. (1997). Control of populations of the coral-feeding nudibranch *Phestilla sibogae* by fish and crustacean predators. *Marine Biology* **130**, 63-69.

Greenwood, P. G., & Mariscal, R. N. (1984). Immature nematocyst incorporation by the aeolid nudibranch *Spurilla neapolitana*. *Marine Biology* **80**, 35-38.

Hirano, Y. J., & Hirano, Y. M. (1985). Feeding segregation of two sympatric eubranchiid nudibranchs (Aeolidacea). *Experimental Biology* **44**, 215-220.

Jensen, K. R. (1991). Comparison of alimentary systems in shelled and non-shelled Sacoglossa (Mollusca, Opisthobranchia). *Acta Zoologica* **72**, 143-150.

Marin, A. & Ros, J. (1991). Presence of intracellular zooxanthellae in Mediterranean nudibranchs. *Journal of Molluscan Studies* **57**, 87-101.

Marin, A., López Belluga, M.D., Scognamiglio, G. & Cimino, G. (1997). Morphological and chemical camouflage of the Mediterranean nudibranch *Discodoris indecora* on the sponges *Ircinia variabilis* and *Ircinia fasciculata*. *Journal of Molluscan Studies* **63**, 431-439.

Slattery, M., Avila, C., Starmer, J. & Paul, V. J. (1998). A sequestered soft coral diterpene in the aeolid nudibranch *Phyllodesmium guamensis* Avila, Ballesteros, Slattery, Starmer and Paul. *Journal of Experimental Marine Biology and Ecology* **226**, 33-49.

Todd, C. D. (1981). The ecology of Nudibranch Molluscs. *Oceanography and Marine Biology, an Annual Review* **19**, 141-234.

Todd, C. D. (1983). Reproductive and trophic ecology of nudibranch molluscs. In "*The Mollusca, Vol. 6. Ecology*" (Russell-Hunter W.D., ed.), pp.225-259 Academic Press, London.

Tullrot, A. (1994). The evolution of unpalatability and warning coloration in soft-bodied marine invertebrates. *Evolution* **48**, 925-928.

第3章

Beeman, R. D. (1977). Gastropoda: Opisthobranchia. In "*Reproduction of Marine Invertebrates*" (Giese, A.C. & Pearse, J. S., eds.), pp. 115-179. Academic Press, New York.

Bonar, D. B. (1974). Metamorphosis of the marine gastropod *Phestilla sibogae*

参考にした主な文献

第1章

Beesley, P. L., Ross, G. J. B & Wells, A. (eds.) (1998). *"Mollusca: The Southern Synthesis. Fauna of Australia. Vol. 5. Part B"*, viii 565-1234pp. CSIRO Publishing, Melbourne.

Hirano, Y. J. & Kuzirian, A. M. (1991). A new species of *Flabellina* (Nudibranchia: Aeolidacea) from Oshoro Bay, Japan. *The Veliger* **34**, 48-55.

Miller, M. C. (1971). Aeolid nudibranchs (Gastropoda: Opisthobranchia) of the families Flabellinidae and Eubranchidae from New Zealand waters. *Zoological Journal of Linnean Society* **50**, 311-337.

第2章

Avila, C. (1995). Natural products of opisthobranch molluscs: a biological review. *Oceanography and Marine Biology: an Annual Review* **33**, 487-559.

Cattaneo-Vietti, R., Burlando, B. & Senes, L. (1993). Life history and diet of *Pleurobranchaea meckelii* (Opisthobranchia: Notaspidea). *Journal of Molluscan Studies* **59**, 309-313.

Clark, K. B., Busacca, M. & Stirts, H. (1979). Nutritional aspects of development of the ascoglossan, *Elysia cauze*. In *"Reproductive Ecology of Marine Invertebrates"* (Stancyk, S.E. ed), pp. 11-24. University South Carolina Press, Columbia, SC.

Clark, K. B., Jensen, K. R., Stirts, H. M. & Fermin, C. (1981). Chloroplast symbiosis in a non-elysiid mollusc, *Costasiella lilianae* (Marcus) (Hermaeidae: Ascoglossa (=Sacoglossa): Effects of temperature, light intensity and starvation on carbon fixation rate. *Biological Bulletin* **160**, 43-54.

Clark, K. B., Jensen, K. R. & Stirts, H. M. (1990). Survey for functional kleptoplasty among West Atlantic Ascoglossa (=Sacoglossa) (Mollusca: Opisthobranchia). *The Veliger* **33**, 339-345.

García-Gómez, J. C, Cimino, G. & Medina, A. (1990). Studies on the defensive behaviour of *Hypselodoris* species (Gastropoda: Nudibranchia): ultrastruc-

イロミノウミウシ	*Aeolidiella chromosoma*	2章
ヤマトワグシウミウシ	*Berghia japonica*	2章
カルマ・グラウコイデス		
	Calma glaucoides	2章
クトナ・アドヤレンシス		
	Cuthona adyarensis	3章
コマユミノウミウシ	*Cuthona pupillae*	口絵，2，3章
ホリミノウミウシ	*Eubranchus horii*	2章
ミサキヒメミノウミウシ		
	Eubranchus misakiensis	2章
フタスジミノウミウシ	*Facelina bilineata*	2，3章
ヨツスジミノウミウシ	*Facelina quadrilineata*	2，3章
チゴミノウミウシ	*Favorinus japonicus*	口絵，2章
ヒダミノウミウシ	*Fiona pinnata*	2章
ピリカミノウミウシ	*Flabellina amabilis*	口絵，1，3章
コザクラミノウミウシ	*Flabellina athadona*	2，3章
アオミノウミウシ	*Glaucus atlanticus*	口絵，2章
トウリンミノウミウシ	*Godiva* sp.	口絵，2章
エムラミノウミウシ	*Hermissenda crassicornis*	1，2，3章
ヤツミノウミウシ	*Herviella yatsui*	口絵，2章
ジライヤウミウシ	*Phestilla lugubris*	口絵，2，3章
オオコノハミノウミウシ		
	Phyllodesmium longicirrum	2章
スミゾメミノウミウシ	*Protaeolidiella atra*	口絵
ムカデミノウミウシ	*Pteraeolidia ianthina*	口絵，2，3章
ガーベラミノウミウシ	*Sakuraeolis gerberina*	1，2章
シロタエミノウミウシ	*Tenellia pallida*	3章

ニクイロウミウシ	*Halgerda japonica*	1章
ヒオドシウミウシ	*Halgerda rubicunda*	2章
ミカドウミウシ	*Hexabranchus sanguineus*	1，2，3章
ヤマトウミウシ	*Homoiodoris japonica*	2章
ゾウゲイロウミウシ	*Hypselodoris bullockii*	口絵
アオウミウシ	*Hypselodoris festiva*	口絵，1，2章
リュウモンイロウミウシ		
	Hypselodoris maritima	2章
ウスイロウミウシ	*Hypselodoris placida*	2章
シモダイロウミウシ	*Hypselodoris shimodaensis*	2章
クチナシイロウミウシ	*Hypselodoris whitei*	口絵
ヌーメア・ラボウテイ	*Noumea laboutei*	口絵
フジイロウミウシ	*Noumea purpurea*	2章
キイロイボウミウシ	*Phyllidia ocellata*	口絵，2章
ハイイロイボウミウシ	*Phyllidiella granulatus*	口絵，2章
クモガタウミウシ	*Platydoris speciosa*	1，2章
ネズミウミウシ	*Platydoris tabulata*	1章
イソウミウシ	*Rostanga orientalis*	2章
カイメンウミウシ	*Trippa intecta*	2章
[スギノハウミウシ類]		
ユビウミウシ	*Bornella stellifer*	口絵，2章
スギノハウミウシ	*Dendronotus frondosus*	2，3，4章
マツカサウミウシ	*Doto japonica*	口絵，1，2章
ヤマトメリベ	*Melibe japonica*	1章
メリベウミウシ	*Melibe papillosa*	口絵，1，2章
ホクヨウウミウシ	*Tritonia diomedea*	2，3章
ユビノウハナガサウミウシ		
	Tritoniopsis elegans	口絵，1章
[タテジマウミウシ類]		
タテジマウミウシ	*Armina japonica*	1，2，4章
オトメウミウシ	*Dermatobranchus otome*	口絵，1章
サメジマオトメウミウシ		
	Dermatobranchus striatellus	3章
カラジシウミウシ	*Janolus mirabilis*	1章
コヤナギウミウシ	*Janolus toyamensis*	2章
ショウジョウウミウシ	*Madrella sanguinea*	口絵，1，2章
[ミノウミウシ類]		
オオミノウミウシ	*Aeolidia papillosa*	口絵，2章

エダウミウシ	*Kaloplocamus ramosus*	1，2章
ミラーリュウグウウミウシ	*Nembrotha milleri*	口絵，2章
レモンウミウシ	*Notodoris citrina*	口絵
オカダウミウシ	*Okadaia elegans*	1，2，3章
イバラウミウシ	*Okenia barnardi*	2章
オンキドーリス・バイラメラータ	*Onchidoris bilamellata*	3章
ラメリウミウシ	*Onchidoris fusca*	3章
オンキドーリス・ムリカータ	*Onchidoris muricata*	3章
ベッコウヒカリウミウシ	*Plocamopherus imperialis*	2章
ヒカリウミウシ	*Plocamopherus tilesii*	2章
フジタウミウシ	*Polycera fujitai*	2，3章
リュウグウウミウシ	*Roboastra gracilis*	2章
イシガキリュウグウウミウシ	*Roboastra luteolineata*	口絵，2章
ウデフリツノザヤウミウシ	*Thecacera pacifica*	口絵，1章
(隠鰓類)		
アマクサウミウシ	*Actinocyclus japonicus*	2章
サンシキウミウシ	*Archidoris tricolor*	2章
カドリナウミウシ	*Cadlina japonica*	3章
ニシキウミウシ	*Ceratosoma trilobatum*	1章
コモンウミウシ	*Chromodoris aureopurpurea*	1章
クロスジウミウシ	*Chromodoris burni*	2章
シラナミイロウミウシ	*Chromodoris coi*	口絵，2章
キカモヨウウミウシ	*Chromodoris geometrica*	口絵，2章
シロウミウシ	*Chromodoris orientalis*	口絵，1，2章
クロモドーリス・タスマニエンシス	*Chromodoris tasmaniensis*	2章
サラサウミウシ	*Chromodoris tinctoria*	1，2章
クロシタナシウミウシ	*Dendrodoris arborescens*	2章
イシガキウミウシ	*Dendrodoris tuberculosa*	2章
ツヅレウミウシ	*Discodoris concinna*	2，3章
キイロクシエラウミウシ	*Doriopsis granulosa*	2章

有殻翼足目	Thecosomata	
ウキビシガイ	*Clio pyramidata*	1章
ウキヅノガイ	*Creseis acicula*	1章
コチョウカメガイ	*Desmopterus papilio*	1章
ヒラカメガイ	*Diacria trispinosa*	1章
ミジンウキマイマイ	*Limacina helicina*	口絵，1，2，4章
ヒラウキマイマイ	*Limacina inflata*	3章
裸殻翼足目	Gymnosomata	
ハダカカメガイ	*Clione limacina*	口絵，1，2，4章
背楯目	Notaspidea	
［ヒトエガイ類］		
ヒトエガイ	*Umbraculum umbraculum*	口絵，1，2，4章
［カメノコフシエラガイ類］		
チギレフシエラガイ	*Berthella martensi*	2章
ホウズキフシエラガイ	*Berthellina citrina*	口絵，1，2，3，4章
カメノコフシエラガイ	*Pleurobranchus hirasei*	口絵，1，2章
［ウミフクロウ類］		
マダラウミフクロウ	*Euselenops luniceps*	口絵，1，2章
ウミフクロウ	*Pleurobranchaea japonica*	1，2，3，4章
裸鰓目	Nudibranchia	
［ドーリス類］		
（顕鰓類）		
アダラリア・プロキシマ	*Adalaria proxima*	3章
センニンウミウシ	*Aegires punctilucens*	3章
センヒメウミウシ	*Aegires villosus*	2章
ネコジタウミウシ	*Goniodoris castanea*	口絵，2章
ゴニオドーリス・ノドーサ	*Goniodoris nodosa*	3章
キヌハダウミウシ	*Gymnodoris inornata*	2章
スミゾメキヌハダウミウシ	*Gymnodoris nigricolor*	2章
ヒロウミウシ	*Hopkinsia hiroi*	2章
ハナデンシャ	*Kalinga ornata*	2章
ヒメエダウミウシ	*Kaloplocamus acutus*	口絵，2章

［ウツセミガイ類］		
ウツセミガイ	*Akera soluta*	1，4章
［アメフラシ類］		
アマクサアメフラシ	*Aplysia juliana*	口絵，1，2，3章
アメフラシ	*Aplysia kurodai*	口絵，1，2，3，4章
ミドリアメフラシ	*Aplysia oculifera*	口絵
クロヘリアメフラシ	*Aplysia parvula*	1，2，3章
フレリトゲアメフラシ	*Bursatella leachii leachii*	3章
タツナミガイ	*Dolabella auricularia*	2，3章
フウセンウミウシ	*Notarchus punctatus*	1，4章
ウミナメクジ	*Petalifera punctulata*	口絵，3章
クロスジアメフラシ	*Stylocheilus striatus*	口絵，1，2，3，4章
嚢舌目	Sacoglossa	
［ナギサノツユ類］		
ニセイワヅタブドウガイ	*Cylindrobulla* sp.	4章
ユリヤガイ	*Julia japonica*	1，2章
フリソデミドリガイ	*Lobiger souverbii*	口絵，1，2，4章
ナギサノツユ	*Oxynoe viridis*	1章
タマノミドリガイ	*Berthelinia limax*	口絵，1，3，4章
カワムラブドウギヌガイ	*Volvatella kawamurai*	1章
［ゴクラクミドリガイ類］		
アズキウミウシ	*Elysia amakusana*	1章
クロミドリガイ	*Elysia atroviridis*	1章
エリジア・クロロティカ	*Elysia chlorotica*	3章
ゴクラクミドリガイ	*Elysia hirasei*	2章
コノハミドリガイ	*Elysia ornata*	口絵，1章
ヒラミルミドリガイ	*Elysia trisinuata*	3章
［カンランウミウシ類］		
クロモウミウシ	*Aplysiopsis nigra*	口絵，1，2章
トウヨウモウミウシ	*Aplysiopsis orientalis*	1，2章
アリモウミウシ	*Ercolania boodleae*	1，4章
ミドリアマモウミウシ	*Placida dendritica*	2章
タマミルウミウシ	*Stiliger smaragdinus*	口絵

本書に登場した後鰓類

（[○○類] は超科あるいは亜目の名称である）

頭楯目	**Cephalaspidea**	
[オオシイノミガイ類]		
オオシイノミガイ	*Acteon sieboldi*	1，2，4章
ミスガイ	*Hydatina physis*	口絵，1，4章
コンシボリガイ	*Micromelo undatus*	口絵，1，4章
[マメウラシマガイ類]		
マメウラシマガイ	*Ringicula doliaris*	1，2，4章
[アワツブガイ類]		
アワツブガイ	*Diaphana watanabei*	4章
[ナツメガイ類]		
ナツメガイ	*Bulla vernicosa*	4章
[ブドウガイ類]		
ブドウガイ	*Haloa japonica*	1，2，3，4章
ミガキブドウガイ	*Haminoea cymbalum*	4章
タテジワミドリガイ	*Smaragdinella sieboldi*	1，4章
[キセワタガイ類]		
オオコメツブガイ	*Acteocina coarctata*	3，4章
ニシキツバメガイ	*Chelidonura hirundinina*	口絵，1，4章
ヘコミツララガイ	*Coleophysis succincta*	4章
カイコガイダマシ	*Liloa porcellana*	4章
ナバナクス・イネルミス		
	Navanax inermis	2章
スイフガイ	*Nipponoscaphander japonica*	4章
エンビキセワタガイ	*Odontoglaja guamensis*	1章
キセワタガイ	*Philine argentata*	1，2，3，4章
カノコキセワタガイ	*Philinopsis gigliolii*	2章
オレンジウミコチョウ	*Siphopteron brunneomarginatum*	口絵，1章
[ルンキナ類]		
クロヒメウミウシ	*Metaruncina setoensis*	1，3章
ルンキナウミウシ	*Runcina elioti*	1章
無楯目	**Anaspidea**	

著者略歴

平野義明（ひらの　よしあき）
1951年生まれ
1974年，茨城大学理学部生物学科卒業
1980年，広島大学大学院理学研究科博士課程修了　理学博士
1981年，広島大学理学部向島臨海実験所助手
現在，千葉大学理学部准教授

著書
『貝のミラクル』（共著，東海大学出版会，1997）

カバー（版画）　今井 俊
装丁　中野達彦

ウミウシ学《がく》—海《うみ》の宝石《ほうせき》，その謎《なぞ》を探《さぐ》る

2000年５月20日　第１版第１刷発行
2009年８月５日　第１版第４刷発行

著　者　平野義明
発行者　大塚　保
発行所　東海大学出版会
〒257-0003 神奈川県秦野市南矢名3-10-35
東海大学同窓会館内
TEL 0463-79-3921　FAX 0463-69-5087
振替00100-5-46614
URLhttp://www.press.tokai.ac.jp/
印刷所　港北出版印刷株式会社
製本所　誠製本株式会社

ISBN978-4-486-01516-1